全民健康安全知识丛书

农村食品安全知识读本

主编　张志国

U0207101

中国医药科技出版社

内 容 提 要

　　本书从农产品质量安全、食品的储存、食品的鉴别与选购、食品添加剂、食物中毒、农村常见食品安全等几个方面介绍了农村民众关心的问题。本书旨在帮助农村大众解答在食品种植、加工、购买、储存等过程中产生的疑问，同时增强安全饮食意识，正确认识食品安全问题，远离食品安全风险。

图书在版编目（CIP）数据

农村食品安全知识读本 / 张志国主编 . —北京：中国医药科技出版社，2017.6

（全民健康安全知识丛书）

ISBN 978-7-5067-9282-0

Ⅰ . ①农… Ⅱ . ①张… Ⅲ . ①农村—食品安全—基本知识 Ⅳ . ① TS201.6

中国版本图书馆 CIP 数据核字（2017）第 087665 号

美术编辑　　陈君杞
版式设计　　锋尚设计
插　　图　　张　璐

出版　　中国医药科技出版社
地址　　北京市海淀区文慧园北路甲 22 号
邮编　　100082
电话　　发行：010-62227427　　邮购：010-62236938
网址　　www.cmstp.com
规格　　710×1000mm　　$^1/_{16}$
印张　　$9^1/_4$
字数　　87 千字
版次　　2017 年 6 月第 1 版
印次　　2018 年 11 月第 5 次印刷
印刷　　三河市百盛印装有限公司
经销　　全国各地新华书店
书号　　ISBN 978-7-5067-9282-0
定价　　25.00 元

编委会

前言

　　"民以食为天"，这句话可谓家喻户晓，这种观念也可谓根深蒂固。我国是农业大国，几千年的文明史与农业息息相关，吃饭是国家和百姓关心的头等大事。然而，随着市场竞争愈演愈烈，食品加工不规范甚至非法行为引发了食品安全事故，这需要广大民众增强食品安全意识，提高自我保护能力。

　　"食以安为先"，食品是我们赖以生存和发展的基础，而食品安全则是关系到大众生命健康、国家公共安全的重要主题。"十三五"时期，国家在食品安全规划中明确提出了发展目标。食品生产者、广大消费者都要加入到共治食品安全的阵营之中。

　　农村民众处于食品加工的源头，既是重要的食品生产加工者，又是巨大的食品消费群体，掌握必要的食品安全知识，提高食品安全意识，尤为重要。

　　本书从农产品质量安全说起，围绕农村民众生产者与消费者的双重身份，介绍了食品安全储存、食品的鉴别与选购、食品添加剂等农村民众关心的问题，同时涉及到食物中毒、饮食安全常识等内容。全书采用问答形式，以通俗的文字科普了与农村大众息息相关的食品安全基本知识，希望能够面向农村大众普及食品安全常识，为增强食品安全意识和能力提供帮助和指导。

编　者

2017年3月

目录

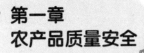

第一章
农产品质量安全

第二章
食品的安全
储存知识

🌱 家庭储存食品的安全常识 / 20

第三章
食品的鉴别与选购

第四章 不可不知的 食品添加剂

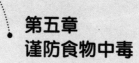

第五章
谨防食物中毒

食物中毒的基础知识 / 80

野生蘑菇中毒相关知识 / 89

第六章
食品安全问题
小常识

第一章

农产品质量安全

农产品与农产品质量安全

什么是农产品的保质期?

农产品是指农业生产的初级产品,即在农业活动中获得的植物、动物、微生物及其产品。它的保质期是指在规定的贮存条件下,保持农产品质量安全水平和消费品质的最长时限,或者允许销售的终止日期。

什么是无公害农产品?

无公害农产品是指产地环境、生产过程、产品质量符合国家有关标准和规范要求,经认证合格获得认证证书,并允许使用无公害农产品标志的未经加工或初加工的食用农产品。无公害产品是保证人们对食品质量安全最基本的要求,是最基本的市场准入条件。无公害农产品标志标准颜色由绿色和橙色组成。标志图案主要由麦穗、对勾和无公害农产品字样组成，橙色的麦穗代表农产品，橙色的对勾表示合格，橙色寓意成熟和丰收，绿色象征环保和安全。

什么是农产品质量安全？

农产品质量安全是指农产品必须符合国家法律、行政法规和国家标准、行业标准之一，满足保障人的健康、安全的要求，不存在危及健康和安全的不合理的危险，不得超出有毒、有害物质限量要求。

什么是农产品质量安全标准？

农产品质量安全标准是指依照法律、行政法规和规定制定和发布的农产品质量安全的强制性技术规范，一般是指农产品质量要求和卫生条件，以保障人的健康、安全的技术规范和要求。如农产品中农药、兽药等化学物质的残留限量、农产品中重金属等有害物质的量，对致病性寄生虫、微生物或者生物毒素的相关规定，农药、兽药、添加剂、保鲜剂和防腐剂等化学物质的使用规定等。我国现行的农产品卫生标准、无公害食品系列标准等相关的强制性国家标准和行业标准都属于农产品质量安全标准。

生产者可以申请使用哪些相应的农产品质量标志？

农产品质量标志是指由国家有关部门制定并发布，加施于获得特定质量认证农产品的证明性标识。生产者可以申请使用的农产品质量标志包括无公害农产品、绿色食品、有机农产品、名牌农产品等。

📋 无公害农产品、绿色食品与有机食品有什么区别?

无公害农产品、绿色食品、有机食品简称为"三品"。

无公害农产品是指有毒有害物质残留量控制在安全质量允许范围内,安全质量指标符合《无公害农产品(食品)标准》的农、牧、渔产品(食用类,不包括深加工的食品)。

绿色食品是指遵循可持续发展原则,按照特定生产方式,经专门机构认定、许可食用绿色食品标志商标的无污染、无公害、安全、优质、营养类食品。

有机食品是指来自于有机农业生产体系,根据国际有机农业生产要求和相应的标准生产加工,并通过独立的有机食品认证机构认证的一切农副产品,包括粮食、蔬菜、水果、奶制品、畜禽产品、蜂蜜、水产品、调料等。

📋 有机食品与其他食品的区别主要有哪些?

有机食品与其他食品的区别主要表现为以下三个方面:

1 有机食品在生产加工过程中绝对禁止使用农药、化肥、激素等人工合成物质,并且不允许使用基因工程技术,其他食品则允许有限地使用这些物质,并且不禁止使用基因工程技术。

2 有机食品在土地生产转型方面有严格规定。考虑到某些物质在环境中会残留相当一段时间,土地从生产其他食品和无公害食品则没有转换期的要求。

3 有机食品在数量上受到严格控制，要求定地块、定产量，生产其他食品没有如此严格的要求。

A级绿色食品与AA级绿色食品有什么不同?

绿色食品是指产自优良环境，按照规定的技术规范生产，实行全程质量控制，无污染、安全、优质并使用专用标志的食用农产品及加工品。绿色食品标准分为两个技术等级，即A级绿色食品标准和AA级绿色食品标准。

A级绿色食品　是指生产产地的环境符合农业部《绿色食品　产地环境技术条件》NY/T391-2000的要求，在生产过程中严格按照绿色食品生产资料食用准则和生产操作规程要求，限量使用限定的化学合成生产资料，产品质量符合绿色食品产品标准，经专门机构认定，许可使用A级绿色食品标志的产品。

AA级绿色食品　是指生产环境符合农业部《绿色食品　产地环境技术条件》NY/T391-2000的要求，生产过程中不使用任何有害化学合成物质，按特定的生产操作规程生产、加工，产品质量及包装经检测、检查符合特定标准，经中国绿色食品发展中心认定并允许使用AA级绿色食品标志的产品。AA级绿色食品基本可以等同于有机食品。

绿色食品标志的含义是什么?

绿色食品标志的图形由3个部分构成,即上方的太阳、下方的叶片和中心的蓓蕾,象征自然生态。标志整体颜色为绿色,象征着生命、农业、环保。图形为正圆形,意为保护和安全。

A级绿色食品标志字体为白色,底色为绿色;AA级绿色食品标志与字体为绿色,底色为白色。

绿色食品标志使用期限是多久?

根据《绿色食品标志管理办法》第十四条规定,绿色食品标志使用权自批准之日起三年有效。要求继续使用绿色食品标志的,需在有效期满前九十天内重新申报,未重新申报的,视为自动放弃其使用权。

农药、兽药、渔药
的使用与安全

什么是农业投入品?

农业投入品指农产品生产过程中使用或添加的物质,包括农作物种子种苗、种畜禽、水产种苗、动植物亲本、农药、肥料、激素、兽药、渔药、饲料和饲料添加剂、农膜、农业机械等。

什么是农业投入品监督抽检?

农业投入品监督抽检是为了防止不合格农业投入品用于农业生产中,由农业部门组织检测机构和相关管理机依据有关规定对生产、经营和使用的农业投入品进行抽样检验的活动。

什么是农药经营处方制度?

农药经营者应安排有关技术人员为农药购买者开具处方单,并告

知农药的名称、防治对象、使用范围、用法用量、安全间隔期等信息。

什么是生物农药?

生物农药是直接利用生物产生的活性物质或生物活体作为农药，以及人工合成的与天然化合物结构相同的农药，它包括微生物农药、植物源农药、转基因生物农药和天敌生物农药等。

农药残留有哪些危害?

果蔬中残留农药在人体内长期蓄积滞留会引起慢性中毒，给人体健康带来潜在威胁，以至诱发许多慢性疾病。由于胃肠道消化系统黏膜血管丰富，胃壁皱褶多，易存留毒物，这就使得残留的农药容易积聚在其中，引起慢性腹泻、恶心等症状。

残留农药进入体内，肝脏就会不停地工作来分解这些毒素。长时间的超负荷工作会加重肝脏负担，引起肝硬化、肝积水等病变。

长期食用带有残留农药的菜，农药被血液吸收后，直接损害神经元，导致身体免疫力下降，出现经常性感冒、头晕、心悸、盗汗、健忘等症状。

可能致癌残留农药中常常含有甲胺磷、对硫磷、氯化苯等有害物质，可促使全身各组织内细胞发生癌变。

食品是如何被农药污染的?

喷洒的农药可附着在农作物上，形成农药残留，造成农作物制成的食品被农药污染。各种农药在作物不同部位和不同时期内的残留形式和残留量有所不同。稳定、耐光、耐氧化而不易破坏的农药残留量较高，不稳定、易分解的农药残留量低。能通过饲料进入禽类、家畜、水产动物等体内，并可通过一定的方式蓄积或富集（含量逐渐增加）于动物性食品中。

农药经土壤被植物吸收，由此类植物制作的食品会被农药污染。土壤中的农药主要来源于直接向农田施用过的农药，农药生产企业废气、废水和废渣排放的农药，以及被农药污染的植物残体所含的农药。

水体中的农药可直接或间接污染水产动物性食品。污染水的农药有几个主要来源，即直接向水体施用农药；农田施用的农药经灌溉水或雨水进入地下水、地表水，从而进入江、河、湖、海中；农药生产企业排放的废水直接进入水体；大气中的残留农药随降雨进入水体；农药喷洒过程中，雾滴或粉尘微粒进入水体；在水体中清洗施药工具和器械等都可能污染水产品。

来自大气的农药可直接或间接污染食品，主要来源包括残留农药的挥发、农药生产企业的废气直接排入大气、地面或飞机喷洒农药等。

在储藏和运输过程中，为给粮食防虫和给蔬菜、水果保鲜而使用杀虫剂、杀菌剂等农药也可造成农药在食品上的残留。

什么是农药的安全间隔期?

农药的安全间隔期是指农产品在最后一次施用农药到收获上市

之间的最短时间。在此期间，多数农药的有毒物质会因光合作用等因素逐渐降解，农药残留会达到安全标准，不会对人体健康造成危害，不同农药品种有不同的安全间隔期。

一般农药安全间隔期是7天时间。

📋 国家明令禁止使用的农药有哪些?

甲胺磷、对硫磷、甲基对硫磷、久效磷、磷胺、六六六、滴滴涕、毒杀芬、二溴氯丙烷、杀虫脒、二溴乙烷、除草醚、艾氏剂、狄氏剂、汞制剂、砷类、铅类、敌枯双、氟乙酰胺、甘氟、毒鼠强、氟乙酸钠、毒鼠硅、苯线磷、地虫硫磷、甲基硫环磷、磷化钙、磷化镁、磷化锌、硫线磷、蝇毒磷、治螟磷、特丁硫磷、氯磺隆、福美肿、福美甲肿、胺苯磺隆、甲磺隆。

📋 在蔬菜、果树、茶叶、中草药材上不得使用和限制使用的农药有哪些?

禁止甲拌磷、甲基异柳磷、内吸磷、克百威、涕灭威、灭线磷、硫环磷、氯唑磷在蔬菜、果树、茶叶和中草药材上使用。禁止氧乐果在甘蓝和柑橘树上使用；禁止三氯杀螨醇和氰戊菊酯在茶树上使用；禁止丁酰肼（比久）在花生上使用；禁止水胺硫磷在柑橘树上使用；禁止灭多威在柑橘树、苹果树、茶树和十字花科蔬菜上使用；禁止硫丹在苹果树和茶树上使用；禁止溴甲烷在草莓和黄瓜上使用；除卫生用、玉米等部分旱田种子包衣剂外，禁止氟虫腈在其他方面使用。自

2015年10月1日起，撤销杀扑磷在柑橘树上的登记，禁止杀扑磷在柑橘树上使用。自2015年10月1日起，将溴甲烷、氯化苦的登记使用范围和施用方法变更为土壤熏蒸，撤销除土壤熏蒸之外的其他登记。溴甲烷、氯化苦应在专业技术人员指导下使用。自2016年12月31日起，禁止毒死蜱、三唑磷在蔬菜上使用。

如何减少蔬菜里的农药残留？

浸泡水洗法 蔬菜上沾染的农药主要为有机磷类杀虫剂，一般先用水洗掉表面污物，然后用清水浸泡30分钟，如此反复清洗浸泡2至3次，基本上可清除绝大部分残留农药。

碱水浸泡法 先将表面污物冲洗干净，浸泡到碱水中（一般500毫升水中加入碱面5~10克）5~15分钟，然后用清水冲洗，重复3~5遍。

储存法 随着时间的推移，蔬菜上的农药残留能够缓慢地分解。冬瓜、南瓜等不易腐烂的蔬菜可以先放1周再食用。

热水法 有些蔬菜瓜果可以通过热水去除部分农药残留，常用于清洗芹菜、菠菜、青椒、菜花、豆角等蔬菜。先用清水将表面污物洗净，放入沸水中2~5分钟捞出，然后用清水洗一二遍。

如何减少谷物被霉菌毒素污染？

种植时应避免连续两年种植同一种作物，应轮种对同一真菌敏感性不同的作物，选种抗真菌的品种。

避免土壤中有旧的作物残留物，因其可能成为真菌生长的条件。

在收获前可适当使用杀虫剂、除草剂和杀真菌剂等。

应在谷物完全成熟、水分含量低时进行收获；收获时尽量减少设备对作物的机械损伤（使其容易霉变）；避免设备对作物的霉菌污染。

收获后的作物应充分干燥，使其水分含量低于霉菌生长的要求；对收获的作物进行筛选，去除受霉菌污染的谷物。

贮藏时注意低温、干燥和通风，并注意检查和发现霉菌的污染，及时采取处理措施。

应对运输工具和设备进行消毒，并且避免谷物在装运过程中受潮。

养殖户如何合理使用兽药？

（1）注意使用合理剂量　剂量并不是越大效果越好，很多药物大剂量使用，不仅造成药物残留，还会发生畜禽中毒。在实际生产中，首先使用抗菌药可适当加大剂量，其他药则不宜加大用药剂量。

（2）注意药物的溶解度和饮水量　饮水给药要考虑药物的溶解度和畜禽的饮水量，确保畜禽吃到足够剂量的药物。最好将饮水量多和饮水量少的动物分开饮水给药，饮水量少的动物适当延长饮水时间。

（3）注意搅拌均匀　拌入饲料服用的药物，必须搅拌均匀，防止畜禽采食药物的剂量不一致。可将采食量多的动物与采食量少的动物分开饲喂，采食量少的动物延长采食时间。

（4）注意药液黏稠度和注射速度　肌内注射的药物，要注意药物的黏稠度。黏度大的药物，抽取的药液应适当超过规定的剂量，而且注射的速度要慢一些。

（5）保证疗程用药时间　药物连续使用时间，必须达到一个疗程以上。不可使用1～2次就停药，或急于调换药物品种，因为很多药物需使用一个疗程后才显示出疗效。

在购买兽药时，广大的养殖户一定要到正规的兽药店购买合法兽药企业生产的产品，并掌握住这些识别、储存和使用兽药的相关知识，使用高质量的药品，做到科学有效地使用兽药来预防和治疗动物疾病，提高经济效益。如果在购买和使用过程中，发现其产品是假劣兽药，可向当地畜牧兽医局进行举报，维护自己的合法权益。

如何储存兽药？

为控制兽药产品质量发生变化，保证兽药的质量和疗效，药品的生产、包装、储存都有相应的规定。养殖户除了要熟悉兽药的理化性质外，还必须熟悉和掌握兽药储存的基本方法。

（1）在空气中易变质的兽药，例如遇光易分解、易吸潮、易风化的药品应装在密封的容器中，在遮光、阴凉处保存。

（2）受热易挥发、分解和易变质的药品，需要在3～10℃温度下低温保存。

（3）易燃易爆、有腐蚀性和毒害的药品应单独储存于低温处或专库内加锁储放，并注意不得与内服药品混合储存。

（4）化学性质作用相反的药品应分开存放。如酸类和碱类药品应分开储存。

（5）具有特殊气味的药品应密封后与一般药品隔离储放。

（6）有效期药品应分期分批储存，并设立专门卡片，注意近期先用，以防过期失效。

（7）专供外用的药品因常含有剧毒药品成分，应与内服药分开储存。杀虫灭鼠药有毒，应单独存放。

（8）名称容易混淆的药品要注意分别储存，以免使用时发生差错。

（9）药品的性质不同应选用不同的瓶塞，如松节油禁用橡皮塞，以免溶化，应用磨口玻璃塞，氢氧化钠则相反。另外，用纸盒、纸袋、塑料袋包装的药品，要注意防止鼠咬及虫蛀。

如何识别假劣兽药？

兽药是指用于预防、治疗、诊断动物疾病，有目的地调节其生理功能并规定作用、用途、用法、用量的物质（含饲料药物添加剂）。假劣兽药则是以假充真或有效物质含量不足、质量低劣的兽药。养殖户可以从以下几方面识别假劣兽药。

兽药包装必须贴有标签，注明"兽用"字样并附有说明书。说明书的内容也可印在标签上。标签或者说明书必须注明兽药名称、规格、企业名称、地址、批准文号、生产日期、产品批号、剧毒药标记，写明兽药主要成分及含量，用途、用法与用量、毒副反应、适应证、禁忌、有效期、注意事项和储存条件等。

（1）兽药批准文号的有效期为5年，兽药批准文号期满后即行作废。如生产企业继续生产原批准文号的产品，其生产的兽药产品即为假兽药，兽药批准文号必须按农业部规定的统一编号格式，如果使用文件号或其他编号代替、冒充兽药生产批准文号，该产品为无批准文号产品，同样以假兽药进行处理。

（2）产品批号是用于识别"批"的一组数字或字母加数字。一般由生产时间的年月日各两位数组成，但也有例外。相当一部分兽药规定了有效期，有效期从生产日期（以产品批号为准）算起，超过了有效期即为过期兽药。检查内包装上是否附有检验合格标志，包装箱内有无检验合格证。用瓶包装的应检查瓶盖是否密封，封口是否严密，有无松动现象，检查有无裂缝或药液释出。不同剂型应注意以下几个问题。

片剂

外观应完整光洁、色泽均匀，有适宜的硬度，无花斑、黑点，未破碎、发黏、变色，无异臭味，否则不宜使用。

粉针剂

主要观察有无黏瓶、变色、结块、变质等情况，出现上述现象不能使用。

散剂（含饲料添加剂）

散剂应干燥疏松、颗粒均匀、色泽一致，无吸潮结块、霉变、发黏等现象。

水针剂

外观药液必须澄清，无混浊、变色、结晶、生菌等现象，否则不能使用。

中药材

主要看其有无吸潮霉变、虫蛀、鼠咬等情况，出现上述现象不宜继续使用。

📋 什么是兽药残留？

兽药残留是指动物产品的任何可食部分所含兽药的母体化合物和其他代谢物以及兽药有关的杂质残留，兽药残留既包括原药，也包括药物在动物体内的代谢产物。

📋 什么是兽药休药期？

兽药休药期是指食用动物在最后一次使用兽药到屠宰上市或其产品上市销售的最短期间。在此期间，兽药的有毒有害物质会随着动物的新陈代谢等因素逐渐消失，兽药残留会达到安全标准，不会对人体健康造成危害，不同品种的兽药有不同的休药期。

📋 为什么有些渔药被禁用？

有些渔药对养殖对象有害，间接威胁到人们的健康，因此被禁用。氯霉素能引起再生障碍性贫血；呋喃唑酮残留会引起人的溶血性贫血、多发性神经炎、眼部损害和急性肝坏死等；汞对人体易产生富集性中毒，出现肾损害；孔雀石绿能溶解足够的锌，引起水生动物急性锌中毒，还是一种致癌、致畸药物；对人类造成潜在的危害；长期使用喹乙醇引起水产动物的肝脏破坏，造成水产动物的死亡。

禁用渔药、限用渔药有哪些？

禁用渔药主要有氯霉素、孔雀石绿、硝基呋喃、红霉素、喹乙醇、环丙沙星、乙烯雌酚、硝酸亚汞、六六六、五氯酚钠等。

限用渔药主要有漂白粉、二氯异氰尿酸钠、三氯异氰尿酸钠、二氧化氯、土霉素、恶喹酸等。

哪些水产品不得销售？

有五类水产品不得销售：一是含有国家禁止使用的渔药或者其他化学物质的；二是渔药等化学物质残留或者含有的重金属等有毒有害物质不符合水产品质量安全标准的；三是含有致病性寄生虫、微生物或者生物毒素不符合水产品质量安全标准的；四是在水产品经营运输等过程中使用的保鲜剂、防腐剂、添加剂等材料不符合国家有关强制性的技术规范的；五是其他不符合水产品质量安全标准的。

发现水产品存在安全隐患怎么办？

生产企业向社会公布有关信息，通知停止销售，告知停止使用，主动召回产品并向有关部门报告，销售者应立即停止销售。销售者发现其销售的产品存在安全隐患应通知生产企业或供货商并向有关监督管理部门报告。

第二章

食品的安全
储存知识

家庭储存食品的安全常识

如何正确贮存大米？

家庭贮存的大米要放在阴凉、通风、干燥处，避免高温、光照。若用米桶或米缸装米，在装米前先将缸内烘干、消毒容器。装好米后把盖子盖好，放在离地面一尺高的干燥通风处，先吃先买的，后吃后买的，防止长霉及鼠虫污染。此外，要经常暴晒米桶和米缸，清除缸内的糠粉、虫卵等。

如何正确贮存食盐？

加碘盐中的碘化物性质极不稳定，容易分解、挥发而失效。因此碘盐应存放在加盖的有色密封容器内，放于干燥、阴凉处，避免日光暴晒和潮湿环境。要随买随吃，一次不要购买太多长期存放。

为什么生熟食品要分开储存？

各类生食常被各种因素（细菌、病毒、寄生虫卵）所污染。如果把生食与熟食混放在一起，会产生交叉污染，食用被污染的熟食后容易造成食物中毒。因此，生熟食品一定要分开储存。

能用旧报纸包裹食物存放吗？

废报纸的油墨中含有多氯联苯，多氯联苯毒性很强，不溶于水，也不被氧化。一旦进入人体，极易被体内脂肪及脑、肝吸收和贮存，而且很难排出体外。同时，废报纸上还有大肠埃希菌和铅、砷等有毒物质。因此，直接入口的食品应有小包装或无毒、清洁的包装材料包裹储存，一定不能用废报纸包裹。平时购买的熟食、卤菜也不要用旧书报纸包裹食物。

用白纸包食物安全吗？

有些人喜欢用白纸包食品，因为白纸看上去好像干干净净的。可事实上，白纸在生产过程中，会加用许多漂白剂及带有腐蚀作用的化工原料，纸浆虽然经过冲洗过滤，仍含有不少化学成分，会污染食物。因此，不能用白纸包裹食物储存。

能用塑料袋包裹果蔬放入冰箱吗？

多数人买完菜回来，习惯把装着果蔬的塑料袋直接放入冰箱里面，这种做法是不对的！

塑料袋透气性不好，如果塑料袋内湿度太大而含氧量太少的话，袋内的果蔬会出现无氧呼吸，产生大量酒精。同时，还会引发细菌滋生，从而大大降低蔬菜的安全性和营养价值。

塑料袋上的有毒有害物质还会迁移到食物中，氯乙烯小分子、加工助剂等有毒有害物质与食物接触得越久，就会越多地迁移到食物中，所以要尽早地把塑料袋和食物分离。如果不用塑料袋，我们可以用保鲜膜来储存食物。

冰箱里冷藏、冷冻食品，都应该用保鲜膜来包裹，因为制造保鲜膜使用了特殊工艺和原料，使其具备良好的透气性能和保鲜性能，这是普通塑料袋所不具备的。

您可能会问，保鲜膜也是塑料制品，会不会同样存在小分子单体的污染问题？这就要求我们在挑选保鲜膜时，除了看价格和生产厂家，还要特别注意看材质，PVC（聚氯乙烯）材质的保鲜膜，仍然有氯乙烯进入食物的危险。因此，选购时应尽量选择PE（聚乙烯）材质的保鲜膜。

如何正确储存生活中常见的几类食物？

蔬菜 一般情况下蔬菜的适宜储藏温度在0～10℃。例如黄瓜、苦瓜、豇豆和南瓜等喜温蔬菜，适宜存放在10℃左右，不能低于8℃；绝大部分叶菜为喜凉蔬菜，其适宜温度为0～2℃，不能低于0℃。不过需要注意的是，绿叶蔬菜必须包好放入冰箱，不要贴近冰箱内壁，避免冻伤，储存最好不要超过3天。豆角、茄子、番茄、青椒之类可以在低温下存4～5天。土豆、胡萝卜、洋葱、白萝卜、白菜等蔬菜可以放长一些，当然最好还是放进冰箱，如果不方便，也可以放在家里阴凉通风的地方。

水果 大部分水果需要放入冰箱的冷藏室。如果要放在室温下，草莓和葡萄等能存1～2天，苹果、柑橘等能保存一周以上。而一些热带水果，比如香蕉、芒果等不用放入冰箱储存。

鱼类及肉类 存放鱼类和生肉时要事先包装成一次能吃完的数量，放入冷冻室。海鲜类和畜禽肉类最好尽量隔离，不要散着放。

粮食 米、面粉、豆类等生的主食都可保存在常温干燥处。大米最好定期通风散热，面粉和豆子都要密封存放。

熟食 已经烹调过的熟食，按照食物品种的不同，储存条件也有差异。米饭、馒头、面包等主食，如果只是短时间储存，可以放进冰箱冷藏室。如果存放时间超过3天，或者希望保持主食柔软的口感，最好放入冷冻室。

做熟的肉食，也有三类区别。第一，肉松类、肉干类和肉脯类，以及火腿肠、罐头等，常温保存即可，开封后尽快食用，没吃完的最好放进冰箱冷藏室。第二，酱卤类肉制品，比如酱肉、卤猪蹄等，需要全程冷藏，冷藏温度在4℃以下。如果想较长时间保存，也可冷冻，但是解冻后口感会下降。第三，家庭烹调的带肉菜，比如炒肉丝、炖肉等，也需要一直放在冰箱的冷藏室，温度保持在4℃以下。

汤羹类 汤羹类保存起来最麻烦，而许多人家常常一炖一大锅汤。建议喝汤的时候要吃多少盛多少，这样没有吃过的汤才更容易保存。如果剩下的汤第2天就吃，可以加盖储存在冰箱冷藏室，

置于4℃以下保存。如果要过两天后再吃，就要放入密封盒，放进冷冻室。

蔬菜都要放进冰箱才可保存吗？

将蔬菜存放数日后再食用是非常危险的，危险来自蔬菜含有的硝酸盐。硝酸盐本身无毒，然而在储藏了一段时间后，由于酶和细菌的作用，硝酸盐被还原成亚硝酸盐，这却是一种有毒物质。亚硝酸盐在人体内与蛋白质类物质结合，可生成致癌性的亚硝胺类物质。

蔬菜中硝酸盐来自肥料。由于有些蔬菜来不及把它们全部合成营养物质，只好以硝酸盐的形式留在蔬菜中，成为隐患。营养丰富的绿叶蔬菜中硝酸盐含量较根类、茄果类蔬菜更高。

新鲜的蔬菜含有较多的水分和维生素C，但是，随着时间的推移，水分和维生素C都会急剧地减少。因此，适当的蔬菜保存法可以说是在于保存维生素C。为了达到这一目的，把蔬菜放入冰箱当然是比放在室温下要好，最理想的储存温度是5～7℃。

番薯冷藏时会引起低温障碍，所以不适宜放进冰箱。除此之外，其他的蔬菜可放入冰箱保存，但是，其中也有些蔬菜适宜保存在10℃左右的常温环境中。栽培时需要较寒冷气候环境的蔬菜，如菠菜、椰菜、天津大白菜、莴苣等，保存在5℃左右更好。在栽培时需要20℃生长环境的蔬菜，例如茄子、黄瓜等，保存时就应该放置在10℃左右的温度中。

蜂蜜怎么存放?

蜂蜜是弱酸性的液体,用金属容器盛放会产生化学反应,因此保存时应采用非金属容器,如玻璃瓶和陶瓷容器。蜂蜜易吸收空气中的水分而发酵变质,因此又必须密封,以防受潮,包装盒应放在阴凉干燥处,避免受热膨胀。

粮食生产与储存的安全常识

如何实现科学储粮?

首先,应控制入仓粮食的质量,尽量做到"干、饱、净";其次,应选用具备防潮、防鼠功能的新型储粮装具,如在储存高水分玉米棒的北方地区应选用钢骨架矩形仓,南方地区在储存安全水分的稻谷、小麦时应选用彩钢板组合仓等科学储粮装具;第三,还应采用科学的储粮方法,并定期检查粮情,发现问题及时处理。

储粮常见病虫害有哪些?

农户储粮常见害虫有玉米象、赤拟谷盗、谷蠹、锯谷盗、豌豆象、咖啡豆象、麦蛾和印度谷螟等。昆虫在5~15℃以上开始活动,在22~30℃的条件下最为适宜。但是,当温度上升到40~45℃之间时,便处于昏迷状态。当达到45~60℃之间时,会在短期内死亡。

防治储粮病虫有什么小窍门？

花椒防虫 用干净纱布包50克花椒放在贮存小麦或大米的缸中间（每50克花椒可用于200公斤小麦或大米），可防虫。

白酒储粮 把装有100克白酒的酒瓶，用纱布扎好瓶口，放入距缸底部30厘米深处，装满粮食即可。

椿树叶储粮 在粮囤底部铺上一层臭椿树头、叶子，每隔33厘米铺设一层臭椿树头、叶子，装满粮食后在粮面上铺盖一层臭椿树叶。

柚子皮储粮 用小刀将柚子黄绿色表皮削下来，及时晒干后备用。在各种豆类中按每50公斤放入干柚子皮1000克，充分拌匀，加盖密闭熏杀害虫。每隔3个月检查翻动一次，可一年内不生虫，食用安全，不影响发芽率。

海带防虫 将晒干的海带混放于粮食中，一周后海带可吸收粮食中的部分水分，并可杀灭粉螨及蛾类害虫。海带取出晒干后还可重复使用，且不影响其食用价值。

菖蒲和艾草防虫 取新鲜菖蒲和艾草，洗净晒干，每500公斤粮食中分别按上、中、下铺放三层，即可达到驱虫、杀虫的效果。

如何科学晾晒储藏小麦？

小麦耐高温，具有较强的耐热性。小麦后熟期长，大多数品种后熟期从两周至两个月不等。完全后熟的小麦，在常温下一般储存3～5年或低温（15℃）储藏5～8年，其食用品质无明显变化，具有耐储性。小麦种皮较薄，组织结构疏松，吸湿能力较强。小麦耐热性好，三伏

盛夏，选择晴朗、气温高的天气，将麦温晒到50℃左右，保持2小时高温，水分下降，于下午3点前后聚堆，趁热入仓，整仓密闭，使粮温在46℃左右持续10天左右，杀死全部害虫。

如何科学晾晒储藏水稻？

稻谷的颖壳较坚硬，对籽粒起到保护作用，能在一定程度上抵抗虫害及外界温度、湿度的影响。但是稻谷萌芽所需的吸水量低，易生芽。稻谷不耐高温，烈日下暴晒的稻谷，或暴晒后骤然遇冷的稻谷，容易出现"爆腰"现象，过夏的稻谷容易陈化。刚收获的稻谷含水量较高，脱粒后要及时晾晒，但稻谷耐高温性差，晾晒可采用多日间歇晒干或阴干、风干，尽量避免高温暴晒。日光下暴晒稻谷，温度不宜超过35℃，可摊稍厚一些（5～15厘米）。在水泥地上晒时，要勤加翻动，以防局部稻谷受温过高，导致"爆腰"粒多，影响品质。

为什么储藏的玉米容易发热霉变？

玉米具有胚部大、营养物质丰富、呼吸旺盛、带菌量多等特点，当水分超过安全储藏标准时，就会比其他粮食更容易发热霉变。在穗储中，常见发热霉变的部位一般在粮面下50厘米处与仓壁向内50厘米处组成的空间内，或在底层与仓壁返潮处。这主要是玉米入仓水分较高或者在储藏期间受外界因素的影响，使局部水分增高，霉菌在适宜条件下大量繁殖造成的。因此在粒储中，常见发热霉变的部位在粮堆上层的30～60厘米处。

为什么不能在柏油马路上晒粮?

柏油马路上晒粮时,粮食直接与柏油接触,容易受到柏油中一种容易致癌的化学物质污染。特别是柏油路面吸热快,夏季的路面温度常能达到 60~70℃,容易烫坏粮食胚芽。

另外,在柏油马路上晒粮,对交通安全也会造成很大的影响,所以不能在柏油马路上晒粮。

为什么新收获的粮食放着会"出汗"?

新收获的粮食还没有完成后熟,这时候的粮食呼吸和内部合成作用会释放出大量的水分。粮堆不通风的话,就会在粮堆内聚集,有时凝结在粮堆表面,人们把这一现象称之为粮食"出汗"。

如何防止粮堆结露?

由于粮堆上下、内外存在温差,从而导致水蒸气压力差,压力高部位的水蒸气向压力低部分自然扩散,严重时会在低温部位造成结露(也就是空气中的水分子凝结在粮粒表面)。粮食结露大多发生在气温骤然变化的季节,如春季和秋季。但在农户储粮中,由于堆垛较小,温差有限,这种现象不会很明显。防止粮食结露的办法关键在于尽量降低粮食水分和杂质,改善储粮条件,加强隔热、防潮性能,减少粮堆各部位之间的温差。

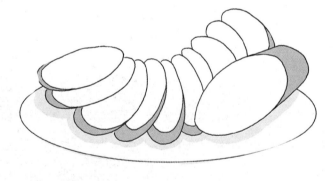

第三章

食品的鉴别与选购

肉禽及水产品的鉴别与选购

如何辨别伪劣食品？

伪劣食品犹如过街老鼠，人人喊打。但人们在日常购物时却难以识别。现有伪劣食品防范"七字法"，即防"艳、白、反、长、散、低、小"。

一防"艳"。对颜色过分艳丽的食品要提防，如目前上市的草莓像蜡果一样又大又红又亮、咸菜梗亮黄诱人、瓶装的蕨菜鲜绿不褪色等，遇到此类食品要警惕，可能在添加色素上有问题。

二防"白"。凡是食品呈不正常、不自然的白色，十有八九会有漂白剂、增白剂、面粉处理剂等化学品的危害。

三防"长"。尽量少吃保质期过长的食品。

四防"反"。就是谨防反自然生长的食物，如果食用过多可能对身体产生影响。

五防"小"。要提防小作坊式加工企业的产品，这类企业的食品平均抽样合格率最低，触目惊心的食品安全事件往往在这些企业中出现。

六防"低"。"低"是指在价格上明显低于一般价格水平的食品，价格太低的食品大多有猫腻。

七防"散"。散就是散装食品，有些集贸市场销售的散装豆制品、散装熟食、酱菜等可能来自地下加工厂。

市场上常见的肉类有哪几种?

热鲜肉 也就是我们熟知的"凌晨屠宰，清早上市"的畜肉，由于肉类营养价值很高，极易滋生对人体健康造成严重损害的微生物，因此新鲜肉类必须经快速分段冷却以保证肉品质量安全。由于热鲜肉本身温度较高，容易受微生物污染，极易腐败变质，从而造成严重的食品安全问题。一般认为，热鲜肉的货架期不超过1天。

冷冻肉 把鲜肉先放入-30℃以下的冷库中冻结，然后在-18℃保藏，并以冻结状态销售的肉。冷冻肉较好的保持了新鲜肉的色、香、味及营养价值，其卫生品质较好。但在解冻过程中，冷冻肉会出现比较严

重的汁液流失，会使肉的加工性能、营养价值、感官品质都有所下降。

☼ 冷却肉　是指严格执行兽医卫生检疫制度屠宰后畜胴体迅速进行冷却处理，使胴体温度在24小时内降为0～4℃，并在后续加工、流通和销售过程中始终保持0～4℃范围内的生鲜肉。由于冷却肉的生产过程始终处于严格监控下，卫生品质比热鲜肉显著提高，且汁液流失少。而且还经过了肉的成熟过程，其风味和嫩度明显改善。冷却肉会逐步发展为生肉消费的主流。

如何选购肉类食品？

1　烧烤肉

好的烧烤肉表面光滑，富有光泽，肌肉切面发光，呈微红色，脂肪呈浅乳白色（鸭、鹅呈淡黄色）。肌肉切面紧密，压之无血水，脂肪滑而脆。

2　咸肉

好的咸肉从外观是看肉皮干硬，色苍白、无霉斑及黏液，脂肪色白或带微红、质硬、肌肉切面平整，有光泽、结构紧密而结实，呈鲜红或玫瑰红色且均匀无斑、无虫蛀。

3　腊肉（腊肠）

好的腊肉色泽鲜明，肌肉呈鲜红色或暗红色，脂肪透明或呈乳白色；肉身干爽、结实，富有弹性，指压后无明显凹痕。从气味来说，新鲜的腊肉具有固有的香味。

4 火腿

优质火腿的精肉呈玫瑰红色，脂肪呈白色、淡黄色或淡红色，具有光泽，质地较坚实。在购买整只火腿时，首先要看看火腿有无蛀洞，此外不要忘记闻闻火腿的香味是否纯正。

5 酱卤肉

优质的酱卤肉色泽新鲜，略带酱红色，具有光泽，肉质切面整齐平滑，结构紧密结实，有弹性，有油光。

怎样安全选购腌制肉？

腌制肉是人们经常购买的食品，如香肠、腊肉、板鸭等，普遍受到大众的欢迎，但腌制肉品不是健康食品，仅是风味食品，因此宜少吃。因腌制肉食品使用添加剂的种类较多，贮存时间较长，加之质量参差不齐，所以选购时主要看准以下三点。

○ 看包装及标签

包装产品要密封，无破损，不要购买来历不明的散装腌制品。要辨认包装上的标签，标签应注明产品名称、厂名、厂址、生产日期、保质期、贮藏条件、执行的产品标准、配料表、净含量以及产品质量安全标志等。不要购买"三无"产品。

○ 看是否过度使用添加剂

国家标准允许在腌制肉制品过程中使用桂皮、八角、草果、茴香和花椒等香料，具有着色、赋香、抑臭、抗菌、防腐和抗氧化的功能，还具有特殊的药用价值。允许限量使用亚硝酸盐，最大使用量是0.15克/千克，残留量≤30毫克/千克。亚硝酸盐的主要作用是保持瘦肉组织的色泽，赋予肉制品鲜亮的红色，产生腌肉制品的独特风味，抑制多种腐败菌群生长。限量使用是安全的，但如果经常食用超标使用硝酸盐或亚硝酸盐的腌制肉食品，对健康有损害。若一次大量摄入亚硝酸盐，可致急性中毒。

○ 看有无变质

从产品外观看，质量好的腌肉制品色彩鲜明，有光泽、肌肉呈鲜红色或暗红色，脂肪透明或呈乳白色，表面无盐霜、干爽、有弹性，肥肉金黄透明；质量差的腌肉制品肉质灰暗无光，脂肪呈黄色，表面有霉点，肉质松软，指压后凹陷不易恢复，肉表面有黏液，有哈喇味，不可购买。

如何辨别注水肉？

肉类被注水后易造成病原微生物的污染，肉面水质含病原微生物加上操作过程中缺乏消毒手段，因此易造成病原微生物的污染。这样不仅使肉的营养成分遭到破坏，还将产生大量细菌毒素物质，给人们的健康造成危害。

那么在选购肉类食物时，我们该如何辨别注水肉呢?

① 摸：用手触摸肉的表面，注水肉有潮湿的感觉；而未注水的新鲜猪肉有一定黏性，且表面不湿。

② 看：注水后的肌肉色泽变淡或呈淡灰红色，显得肿胀，从切面上看湿漉漉的；而没注水的新鲜猪肉脂肪洁白，肌肉有光泽，红色均匀，外表微干或微湿润。

③ 压：观察肌肉的弹性，放心肉指压后凹陷能立即恢复，弹性好；而注水肉弹性降低，指压后凹陷恢复较慢，重压时还能见到有液体从切面流出。

④ 测：由于注水肉含水率高，将餐巾纸贴在肉上，然后迅速取下来，如果餐巾纸一下就被打湿了，撕下来又很完整，就有可能是注水肉。然后，用打火机点燃餐巾纸，若餐巾纸燃烧不彻底，这样的猪肉十有八九是"注水肉"。

📋 如何鉴别含有"瘦肉精"的猪肉？

① 看猪肉皮下脂肪层的厚度。在选购猪肉时，皮下脂肪太薄、太松软的猪肉不要买。一般情况下，瘦肉精猪因吃药生长，其皮下脂肪层明显较薄，通常不足1厘米；正常猪在皮层和瘦肉之间会有一层脂肪，肥膘约为1～2厘米。遇到脂肪层太薄的猪肉就要小心了。

② 看猪肉的颜色。一般情况下，含有瘦肉精的猪肉特别鲜红、光亮。因此，瘦肉部分太红的，肉质可能不正常。

③ 还可以将猪肉切成二三指宽，如果猪肉比较软，不能立于案上，可能含有瘦肉精。

4 如果肥肉与瘦肉有明显分离，而且瘦肉与脂肪间有黄色液体流出则可能含有瘦肉精。

📋 哪些水产品不宜食用?

死鳝鱼、死甲鱼、死河蟹 这些水产品只能活宰现吃，不能死后再宰食，因为它们的胃肠里带有大量的致病细菌和有毒物质，一旦死后便会迅速繁殖和扩散，食用它们极易中毒，甚至有生命危险，所以不能吃。

皮青肉红的淡水鱼 这类鱼不能吃，往往鱼肉已经腐烂变质，由于含组胺较高，食用后会引起中毒，因此绝对不可食用。

染色的水产品 有些不法商贩将一些不新鲜的水产品进行加工，如给黄花鱼染上黄色，给带鱼抹上银粉，再将其速冻起来，冒充新鲜水产品出售，以获厚利。着色用的化学染料肯定对人体健康不利，所以购买这类鱼时一定要细心辨别。

反复冻化的水产品 有些水产品销售时解冻，白天售不出去晚上再冻起来，日复一日反复如此，不仅影响了水产品的品质、口味，而且会产生不利于人体健康的有害物质，因此购买时需加以注意，反复冻化的水产品应少吃。

有毒防腐剂保鲜的水产品 有些价格较高的鱼类通常是吃鲜活的，如果鱼类死后再速冻就卖不出好价钱了，所以有些商贩将这些名贵死鱼泡在亚硝酸盐或经稀释的福尔马林溶液中，或将少量福尔马林注入鱼体中，甚至将鱼体浸泡在含有毒性较强的甲醛溶液中，以保持鱼的新鲜度。这类水产品对人体危害很大，不能食用。

各种畸形的鱼 各江河湖海水域极易受到农药以及含有汞、铅、铜、锌等金属废水、废物的污染，从而导致生活在这些水域环境中的鱼类也受到侵害，使一些鱼类生长不正常，如头大尾小、眼球突出、脊椎弯曲、鳞片脱落等，这类鱼不能吃。购买时要仔细观察，发现各种畸形的鱼或食用时发现鱼有煤油味、火药味、氨味以及其他不正常的气味，就应毫不犹豫地丢掉，以保安全。

您会买优质活鱼吗？

选购活鱼时，可通过鱼的外表、游动的状态、对外部环境的反应程度来判定鱼的活力。正常的鱼，口、眼、鳃、鳞、鳍完整无残缺，无病害伤迹、体表无血斑洞眼、生命力强。体质好的鱼一般都在水的下层正常游动，用手触动水中的鱼，反应敏锐，能很快挣脱跑掉，体质差的鱼都在水的上层，鱼嘴贴近水面，尾巴呈下垂状游动，如果鱼侧身漂浮在水面上，说明这条鱼即将死亡。

如何辨别被毒死的鱼？

正常死亡的鱼，其腹鳍紧贴腹部，鱼嘴自然张开，鱼鳃呈鲜红或红色，有鱼的正常腥味，无异味。被毒死的鱼，鱼鳍张开、发硬，鱼嘴紧闭，不易拉开，鱼鳃为紫红色或褐色，有的还可以从鱼鳃部嗅到农药气味。此外，正常死亡的鱼很容易招引苍蝇、蚂蚁等，而被毒死的鱼则相反。

如何辨别被污染的鱼？

畸形 鱼体受到污染后的重要特征是畸形。被污染的鱼往往躯体变短变高，背鳍基部后部隆起，臀鳍起点基部突出，从臀鳍起点到背鳍基部的垂直距离增大；背鳍偏短，鳍条严密，腹鳍细长；胸鳍一般超过腹鳍基部；臀鳍基部上方的鳞片排列紧密，有不规则的错乱；鱼体侧线在体后部呈不规则的弯曲，严重畸形者，鱼体后部表现凸凹不平，臀鳍起点后方的侧线消失。另一重要特征是，被污染的鱼大多鳍条松脆，一碰即断，最易识别。

含酚的鱼 鱼眼突出，体色蜡黄，鳞片无光泽，掰开鳃盖，可嗅到明显的煤油气味。烹调时，即使用很重的调味品盖压，仍然刺鼻难闻，尝之麻口，使人作呕。被酚所污染的鱼品，不可食用。

含苯的鱼 鱼体无光泽，鱼眼突出，掀开鳃盖，有一股浓烈的"六六六"粉气味。煮熟后仍然刺鼻，尝之涩口。含苯的鱼毒性比含酚的鱼更大，严禁食用。

含汞的鱼 鱼眼一般不突出。鱼体灰白，毫无光泽。肌肉紧缩，按之发硬。掀开鳃盖，嗅不到异味。经过高温加热，可使汞挥发一部分或大部分，但鱼体内残留的汞毒素仍然不少，不宜食用。

含磷、氯的鱼 鱼眼突出，鳞片松开，可见鱼体肿胀，掀开鳃盖，能嗅到一股辛辣气味，鳃丝满布黏液性血水，以手按之，有带血的脓液喷出，入口有麻木感觉。被磷、氯所污染的鱼品，不能食用。

通过体表和鱼鳃能辨别出病鱼吗?

对于病鱼的识别主要从鱼的体表和鳃两个方面去辨别。患病鱼体缺少光泽,体色变暗灰色或发黑,并出现红色斑点、斑块或具有白色斑点,局部皮肤、肌肉溃烂;体表黏液增多,鳞片脱落;眼睛周边发红或呈灰白色,有的眼球突出;鱼尾和鳍基部发红,部分鳍烂掉,鳍膜破裂;鱼腹部肿胀,肛门红肿突出,用手轻压鱼腹有脓液或腹水流出。病鱼鳃呈现淡红色或苍白无色,鳃丝的末端腐烂,黏液增多,并附着污泥,有的鳃盖充血发红。

鱼体坚硬、鳞片灰暗的鱼是被甲醛浸泡过了吗?

甲醛浸泡过的水产品有以下特点:一是鱼体表变坚硬,表面较有光泽,变得更清亮,整体表现比较新鲜;一些有鳞鱼的鳞片会变得灰暗;二是眼睛一般变得比较浑浊;三是甲醛浓度较高时具有甲醛所特有的异味。

要判断是否为甲醛浸泡的水产品,一是看,比如鱿鱼、虾仁的外观虽然鲜亮悦目,但色泽偏红;二是闻,会嗅出一股刺激性的异味;三是摸,甲醛浸过的海参手感较硬,而且质地较脆,手捏易碎;四是口尝,吃在嘴里会感到生涩,缺少鲜味。遇到上述情况的水产品时,就要谨慎购买。

怎样选购禽类及其产品?

购买禽类制品 选择色泽鲜明,精肉呈鲜红色或暗红色,脂肪透明或呈乳白色，肉身干爽，手指按压后会立即恢复，无明显异味。要谨慎购买颜色过于鲜艳的禽类制品。

选购鸡鸭 一是轻拍鸡鸭就会听到有"啵、啵、啵"的声音，说明很有弹性；翻起鸡鸭的翅膀仔细察看，若发现上面有针点，且发黑，就证明已经注了水。二是在鸡鸭的皮层下，用手指一掐打滑，就是注过水的。三是将水用注射器打入鸡鸭胸腔的油膜和网状内膜里，用手指在上面稍微一抠，注过水的鸡鸭肉网膜一破，水便会流淌出来。四是未注过水的鸡鸭身上摸起来平滑，皮下注过水的鸡鸭高低不平，摸起来好像有肿块。

选购鹅肉 以翼下肉厚、尾部肉多而柔软、表皮有光泽的为佳，肉色呈新鲜红色。胸肌为白色略带浅红色，用手触摸时，感觉肌肉有一定的硬度和弹性，手感较干燥。除本身所固有的肉腥味外，没有异味。如果鹅眼下附有黏液、角膜混浊、皮肤松弛、黏湿、色泽暗淡或带有霉斑、肌肉无硬度、无弹性、有异味，则质量较次或为变质肉。

怎样鉴别禽蛋的新鲜度？

① 看蛋壳 首先看蛋壳。新鲜蛋的蛋壳表面光洁，颜色鲜亮，壳上附着一层白霜，无裂纹。陈蛋的蛋壳比较光滑，蛋壳稍暗，但未变质，仍可食用。霉蛋蛋壳表面有霉点或霉斑，多有污物。若为臭蛋，因其蛋的内容物已经腐败变质，蛋壳较滑，色泽灰暗（发乌），并有臭味，不可食用。

2 摸手感　蛋的质地主要靠手感。新鲜蛋拿在手中有"压手"的感觉。次劣蛋由于在贮藏过程中，时间较长，营养成分及水分不断地损失，内容物减少，所以分量较轻，无"压手"感。次劣蛋蛋壳表面发涩。孵化过的蛋外壳发滑，手感更轻。

3 听响声　把蛋靠在耳边摇摇，有响声的是陈旧蛋，新鲜蛋一般不响。还可将3个蛋拿在手里滑动轻碰，好蛋发出的声音似砖头碰撞声，若发出其他声音则说明蛋不新鲜。

4 用光照　利用日光或灯光进行照看。以左手握成窝圆形，右手将蛋的末端放在窝圆形中，对着光线透视。蛋内透明的是新鲜蛋，模糊或内有暗影的是次劣蛋。次劣蛋可能是贴壳蛋、散黄蛋、霉蛋、臭蛋。在市场上选购时，可带一电筒，按此法检查蛋的新鲜度。

5 有条件或必要时，可配制10%～20%的食盐水，把蛋放在食盐水里，新鲜蛋立即下沉，不太新鲜的蛋下沉较慢，陈旧的蛋上浮。

蔬菜类食品的鉴别与选购

选购什么样的蔬菜才安全?

选择适当的市场,到管理规范、进货渠道正规、设有检测点的大型超市、农贸市场选购蔬菜。不要购买无证的流动摊贩销售的蔬菜,因为这些蔬菜,往往种植面积小、周期较短、农药残留较高。

选择适时的蔬菜,可以把本地区一年四季各季的主要时令蔬菜列一个表,按"季节菜表"选购,按季吃菜,顺应自然,比较安全。

选择外观正常的蔬菜,任何农产品都具有它本来的"长相",如果某种蔬菜、瓜果长得怪模怪样,或者个头异常硕大,或者颜色鲜艳抢眼,这很可能是栽培过程中使用了某些保花保果剂以及催熟激素之类的农药。有的蔬菜表面残留有药斑,或闻起来有刺鼻的药味,等等。这类外观异常的蔬菜,最好不购买。

污染蔬菜的主要是农药与化肥。以农药来说,一般农药污染较严重的蔬菜品种主要有芹菜、韭菜、油菜、菠菜、小白菜、鸡毛菜、黄瓜、甘蓝、茼蒿、香菜等。受农药污染较轻的蔬菜品种主要有茄果类蔬菜，如青椒、番茄等；瓜果类蔬菜，如冬瓜、南瓜灯；嫩荚类蔬菜，如芸豆等；鳞茎类蔬菜，如葱、蒜、洋葱等；块茎类蔬菜，如土豆、山药、芋头等。如果选购了污染可能较重的蔬菜，则要注意烹调前的清洗。

激素催熟的蔬菜长什么样？

有的菜农为了使蔬菜生长加快、生长得多，就用激素喷洒。

例如西红柿表皮光滑，当菜农对它喷洒催大、催肥、催熟激素后，激素药液一部分流至下端，致使该部位特别长肉，形成"尖屁股"。这种西红柿当然不能吃。此外，如果蔬菜个头很大，红绿斑驳，摸起来发硬，切开后没汁或汁很少，这也是催熟剂催熟的，不宜购买。生长怪异的冬瓜、黄瓜、茄子等蔬菜也可能是受催熟激素的影响，冬瓜、茄子上小下大，黄瓜则全身长坨，都是喷洒激素的结果，最好不要食用。

如何辨出催熟西红柿？

看外观，别买"黑果蒂" 催熟的西红柿果皮发暗，颜色均匀，果蒂发黑。自然成熟的西红柿果皮发亮，颜色分布不均匀，果蒂处也是红绿相间。

摸果肉，只选"软柿子" 软、硬是判断西红柿是否成熟的重要标准。真正成熟的西红柿捏起来是软的。只要摸起来很硬，不管西红柿多么红艳，都说明还没成熟。

☀ 看籽，籽多更安全　催熟的西红柿通常都没有籽，就算有，数量也很少，而且颜色是绿的。成熟西红柿的籽是土黄色。

☀ 尝味道，酸甜味才对　催熟的西红柿吃起来果肉发硬，口感发涩；自然成熟的西红柿汁水丰富，酸甜可口。

📋 春笋，您选对了吗?

毛笋尽量挑选外形短而粗，个头不要太大的，从根部到尖部最好不要超过30厘米。因为笋太大，根部纤维会变粗而老，且笋的口感也相对较差。质量好的冬笋呈长圆腰形，驼背、鳞片略带茸毛。颜色方面要挑根部偏黄白色，中部到尖部棕黄色而又有光泽的，这种笋是比较新鲜的。如果笋节分得很开，笋节很长，根部有刮痕，那么笋会比较老，而且里面还可能已经坏了。

要挑选笋壳深黄色、表面光洁完整、紧贴笋肉、尾巴黄的笋。形态上要选择笋头扁、笋体弯的笋，这样的笋嫩者居多，虫蛀、不完整的笋不要选择。

相对于毛笋来说，春笋更容易变质，购买时先用手摸一摸，应是干湿适中，周身无瘪洞，无凹陷，无断裂痕迹。如果感觉太湿润，里面可能已经变质了。

如果剥开竹笋，里面很湿润，而且发绿，质地像熟了似地，那就是开始变坏的一种标志，尽量不要购买。应挑选短粗，紫皮带茸，肉为白色，形如鞭子的为好，如果中部到尖部呈暗褐色，新鲜度低，最好不要选择。

📋 五招教您选对蘑菇

1 **看形状**　选择形状比较完整的蘑菇，有畸形的最好不选。

2 **看大小**　蘑菇并非越大越好，某些长得特别大的蘑菇是被激素催大的，经常食用会对人的身体造成不良影响，而小的或中等偏小的口感更鲜嫩，太大的蘑菇极可能因纤维化而使口感偏硬。因此，最好不要买过分成熟的蘑菇，七八成熟即可。

3 **看菌盖**　特别是选购香菇、口蘑等食用菌时，要选择菌盖有些内卷或没有完全开伞的，最好是菌盖下菌膜没有破裂者，这样才是富含营养的好蘑菇。如果菌盖完全开伞或展开，口感会很老，营养也已流失较多。

4 **用手摸**　新鲜的蘑菇会比较干爽，摸上去手感很润泽，但绝对不能发黏。

5 **看颜色**　蘑菇并非越白越好，市面上常见的多数蘑菇用不着漂白。香菇的菌盖本身是黑褐色的，如果漂白了，反而像次品。金针菇也是这样，黄色的金针菇反而更好吃。许多平菇也如此，有浅浅的灰色才正常。正常新鲜的蘑菇在菇体表面有一层大小不等的鳞片或平贴于菇体的纤毛，这样的蘑菇在运输过程中由于碰撞，难免会留下伤痕，正常菇体表面的颜色不是均匀的白色，碰伤处呈浅褐色。而经过漂白的菇体会表现出不自然的白色，没有

碰伤处的变色。购买时需要鉴别。

表皮发黑或有异味的莲藕能买吗？

莲藕外皮颜色要呈微黄色，如果发黑或有异味，这样的不能选购。莲藕本身只有一股泥土味，如果有酸味，说明是用工业药剂处理过的，对人体有害。藕节数目不会影响品质，选购时要尽量挑较粗而短的藕节，这样的莲藕成熟度高，口感更好。藕节与藕节之间的间距越长，表示莲藕的成熟度越高，口感越松软、可口。

购买莲藕时，要注意有无明显外伤。如果有泥土包裹着莲藕，应该把泥土擦一擦，看看莲藕表面有无伤痕，如果伤痕很明显，不建议购买。把莲藕切开一小段，看看莲藕中间的通气孔大小，通气孔大的莲藕比较多汁，尽量购买这样的莲藕，比较好吃。特别是做姜汁藕片，味道很棒。

如何选购红薯？

首先，看看红薯有没有发霉或有缺口的地方，有类似问题的红薯都不能挑选，要挑选色泽鲜艳、饱满的红薯。

其次，要观察一下，有没有放太久，不新鲜了。放久的红薯颜色很暗，看起来有点干瘪，没有水分，而且表皮粗糙的也不好。从表皮上外面看不出红薯新鲜不新鲜，我们可以轻轻抠掉一点皮，如果里面的看起来是纯色，很新鲜，没有发霉的迹象，就证明比较好。

吃红薯的季节最好选择在它的收获季节，比如秋冬季。冬季，红薯经过了霜打，味道最甜。过了三月份的红薯因放置时间长，尽量少吃。

如何挑选土豆？

看表面挑土豆要挑表皮光洁、芽眼较浅的。这样的土豆好削皮，土豆利用得完全。要尽量挑选肥大而匀称的土豆，表皮无干疤和糙皮，无病斑、虫咬和机械外伤，不萎蔫、变软，无发酵酒精气味的最好。

看颜色要买黄皮的土豆，黄皮土豆外皮暗黄，内色呈淡黄色，淀粉含量高，含有胡萝卜素，口味较好。另外，还要注意不要购买和食用皮层变绿的土豆。因为其中所含的龙葵素有毒性，加热后也不会被破坏，不宜食用。

为什么有的黄瓜瓜顶长小瘤？

自然成熟的黄瓜，瓜皮花色深亮，顶部的花已经枯萎，瓜身上的刺粗而短；催熟的黄瓜瓜皮颜色鲜嫩、条纹浅淡，顶花鲜艳，刺细长；使用激素过多的黄瓜，瓜顶会长出一个黄豆大的小瘤。

如何鉴别用化肥浸泡的豆芽？

一看豆芽茎 自然培育的豆芽菜是芽身挺直稍细，芽脚不软、脆嫩、光泽白；而用药水浸泡过的豆芽菜，芽茎粗壮发水，色泽灰白。

二看豆芽根 自然培育的豆芽菜，根须发育良好，无烂根、烂尖现象；而用药水浸泡过的豆芽菜，根短、少根或无根。

三看断面 这段豆芽茎的断面是否有水分冒出，无水分冒出的是自然培育的豆芽，有水分冒出的是用药水浸泡过的豆芽。

四闻气味 主要是闻豆芽有没有刺鼻的气味，有刺鼻味道的不要购买。

水果的
鉴别与选购

如何选购和食用水果？

选购经过国家专门机构认证或有产地证明的水果、无公害水果、绿色水果、有机水果。这些经过国家机构认证的水果，在生产管理时严格按照相关要求，对农药使用进行了严格控制，含农药较少。

选购新鲜、时令相符的水果。经过长期贮藏或表面光亮的水果要经过保鲜处理，加入的保鲜剂就是一种水果防腐剂，会残留在水果中。目前很多水果都经过了保鲜处理，如柑橘、香蕉、葡萄。最好选购新鲜时令、没有经过保鲜处理的水果。

食用前浸泡清洗。在食用水果之前要尽可能将水果清洗，通过表面清洗能有效减少农药残留。可以选择水果专用洗涤剂或添加少量的食用碱浸泡，然后用清水冲洗数次。

食用要削皮。农药残留主要集中在水果的表皮，由于很多农药不溶于水，简单浸泡还不能解决农药残留，食用之前尽可能要削皮以去

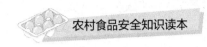

除水果表皮中的农药残留。

对于离时令期不远的水果则应多注意是不是经过催熟的。这时候使用的催熟剂一般对身体都有一定危害，如用乙烯催熟的产品会表现出上色过于均匀，用二氧化硫催熟的产品，其表面一般会残留有硫黄的气味。

对于离时令期较远的反季节水果则一般是通过使用激素来促进生长。这类水果还有一些奇特的外形，应避免选购这类水果。

要买应季水果，特别是一些浆果类水果，它们不太容易保藏，商贩们为防止水果腐烂，在使用防腐剂、保鲜剂时更不会吝啬。

进口水果的运输期较长，货品周转期慢，常以药剂、打蜡等方式来延长其贮存期，在购买时一定要仔细辨认。

如何一眼识破"激素草莓""打蜡苹果"？

（1）**激素草莓**　形状不规则又硕大、中间有空心的草莓，一般是因为用了催熟剂或其他激素类药物所致，用了催熟剂或激素类药物后使草莓的生长期变短了，颜色变得更新鲜了，但果味却变淡了。

（2）**打蜡苹果**　苹果皮上的蜡主要分为以下三种：①苹果表面本身带有的天然果蜡，这是一种脂类成分，是在苹果表面生成的植物保护层，它可以有效地防止外界微生物、农药等入侵果肉，起到保护作用，这是无需去除的。②一些进口苹果人工加上去的食用蜡，这种"人工果蜡"其实是一种壳聚糖物质，多从螃蟹、贝壳等甲壳类动物中提取而来。这种物质本身对身体并无害处，其作用主要是用来保鲜，防止苹果在长途运输、长时间储存中腐烂变质。要去除这层蜡也很简单，直接用热水冲洗即可去除。③工业蜡，其中所含的汞、铅可能通过果皮渗进果肉，给人体带来危害。如果用手或餐巾纸擦拭果皮表面，如能擦下一层淡淡的红色物质，就可能是工业蜡了。

（3）催熟香蕉　乙烯利催熟香蕉较为常见，催熟剂不超标使用对人体无害，但有些不法商家使用二氧化硫和甲醛等化学药品为香蕉催熟，而这就需要购买时有一定的识别技巧。首先催熟的香蕉表皮一般不会有香蕉熟透的标志——"梅花点"，因此在挑选香蕉时，有"梅花点"的香蕉相对安全。其次用化学药品催熟的香蕉闻起来有化学药品的味道。此外，自然熟的香蕉熟得均匀，不光是表皮变黄，而且中间是软的；而催熟香蕉，中间则是硬的。

（4）有毒西瓜　超标准使用催熟剂、膨大剂对人体是有害的。这种西瓜表皮上的条纹黄绿不均匀，切开后瓜瓤特别鲜艳，可瓜子却是白的，吃起来没有甜味。

📋 如何辨别染色橙？

1 看　染过色的橙子，表面看起来特别红艳，表皮的孔里有红点。染色严重的橙子，橙蒂也会变成红色；没染色的橙子，橙蒂是白绿相间。

2 闻　染色橙子经常带有一股化学物的刺激味道，没染色的橙子闻起来有股淡淡的清香。

3 擦拭　用湿巾擦拭橙子表面，如果湿巾变红，说明橙子可能被染

色；没染色的橙子，湿巾擦拭后只能看到淡淡的黄色。

四招识别水果新鲜度

购买水果要作到眼看、鼻闻、口尝、手掂。

1 **眼看**　即看外型颜色。如自然成熟的西瓜，瓜皮花色深亮，条纹清晰，瓜蒂老结。催熟的西瓜颜色鲜嫩，条纹浅淡，瓜蒂发青。

2 **鼻闻**　自然成熟的水果大多能闻到一种果香味。催熟的水果不仅没有果香味，甚至还有异味。

3 **口尝**　这是一种最直接的方法，可以尝试一小块儿，将会最直观地感受水果的味道。

4 **手掂**　即催熟的水果分量重。同一品种大小相同的水果，催熟的同自然成熟的水果相比，要重许多，特别是西瓜，最容易鉴别。

零食类的
鉴别与选购

摸起来滑腻的瓜子能买吗?

瓜子表面本来有自然纹路,每粒都有不同程度的凹陷,如果有异常的滑腻感,可能用滑石粉(可增加光泽度,但不允许添加于食品中)处理过。因此,购买散装瓜子一定要注意。但还是建议购买合格品牌的包装瓜子。

表面光亮、口味极甜的板栗一定好吗?

某些商贩使用甜蜜素为栗子增甜,使用工业石蜡给板栗外壳增亮。经过此番"美容"的板栗外表皮过于黄亮或乌黑发亮,用手模起来光滑且不黏手,散了一段时间色泽仍不退去。石蜡本身并没有太大的副作用,但工业石蜡成分较复杂,含有致癌的多环芳烃类物质,吃多了可能引起脑部神经和肝脏等器官的病变。因此,选购栗子时,要

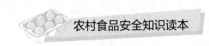

尽量挑选外表为自然色的。对表皮过于光亮或吃起来特别甜的板栗，要谨慎购买。

雪白的开心果能买吗？

一些食品加工商为了改善开心果外观，提高抗真菌作用，在加工开心果的过程中使用了漂白剂。使用非食品级的漂白剂会造成有毒有害物质残留，对食用者的身体造成危害。此外，开心果仁所提供的营养物质会在漂白过程中减少。消费者购买开心果的时候可通过外观鉴别高质量未漂白的开心果，纯自然不漂白的开心果具有黄壳、紫衣的特点。

为什么不能买陈花生？

花生含油脂量较高，如果保存不当，受温度的影响，或用隔年的原料制作，都会因为原料中的油脂发生氧化，造成过氧化值升高。炒货中所含的油脂氧化变味，这样闻起来香喷喷的炒花生吃到嘴里却是又酸又苦，有一股哈喇味，这就是因为过氧化值等指标不合格造成的。选购花生时要尽量挑选新鲜产品，购买前最好要尝一尝，一旦有哈喇味等异味，千万不要购买。

如何选购核桃？

优质核桃个头均匀饱满，呈现出非常自然的浅黄褐色。正常核桃应有淡淡的木香，而陈果、坏果有明显的哈喇味，美白核桃则会有刺

鼻性气味。手掂起来，感觉轻飘飘的，多数为空果、坏果。可砸开一个核桃，观察核桃仁是否新鲜饱满，包裹核桃仁的仁衣应为淡黄色或琥珀色。如果有黑色斑点、尝起来有哈喇味，则不要买。

调味品的
鉴别与选购

📋 怎样鉴别植物油的质量?

观察油的透明度 质量好的植物油透明度高,水分、杂质少。静置24小时以后,清晰透明、不混浊、无沉淀、无悬浮物。反之,则质量差。

观察油的色泽 质量好的花生油呈淡黄色或澄黄色;豆油为深黄色;菜籽油为黄中稍绿或金黄色;棉籽油为淡黄色。

闻油的香味 用手指沾少许油,抹在手掌心,搓后闻其气味。质量好的油除了有本身的气味外,一般没有其他异味。如有异味,说明油质量不好或发生变质。

加热鉴别 水分大的食用植物油加热时会出现大量泡沫,而且发出"吱吱"声。如果油烟有呛人的苦辣味,说明油已酸败。质量好的油泡沫少且消失快。

📋 如何辨别"地沟油"?

"地沟油",即将下水道中的油腻漂浮物或者宾馆、酒楼的剩饭、剩菜（通称"泔水"）经过简单加工、提炼出来的油，劣质猪肉、猪内脏、猪皮加工以及提炼后产出的油，使用次数超过规定要求的煎炸食品的废油。这些都是国家已明令禁止食用的油。

日常购买中可从以下几个方面进行参考鉴别。

一看 要看油的透明度。纯净的植物油无杂质，无悬浮物，无沉淀物，呈透明状，明澈如镜；地沟油不透明，有较多沉淀物或悬浮物。还要看油的色泽。正常食用油呈淡黄色、黄色和棕黄色；正常芝麻油颜色较深。除此之外，一般情况下非食用劣质油颜色要比食用油颜色深。

二闻 优质食用油经过脱臭处理，味道十分纯正，而劣质油有杂味、酸味。

三尝 用筷子取一滴油，品尝其味道。口感带酸味的油是不合格产品，有焦苦味的油已发生酸败，有异味的油可能是地沟油。

四听 取油层底部的油一两滴，涂在易燃纸片上，点燃并听其响声。燃烧正常无响声的是合格产品；燃烧不正常且发出"吱吱"声音的，水分超标；燃烧时发出轻微爆炸声，表明油的含水量严重超标，且可能掺假，绝对不能购买。

五问 问清商家的进货渠道，要购买正规厂家生产的产品，索要发票。

怎样巧识香油是否掺假？

（1）看颜色　颜色淡红或红中带黄为正品。机榨香油比小磨香油颜色淡。如颜色黑红或深黄，则可能掺进了棉籽油或菜籽油。

（2）看变化　香油在日光下清晰透明，如掺进凉水，在光照下则不透明，如果掺水过多，香油还会分层并容易沉淀变质。

（3）看纯度　纯正香油色泽透明鲜亮，不纯香油中有混浊物。冰箱中低温存放24小时后，纯正香油保持晶莹剔透液体状，不纯香油则有明显结晶。

怎样选购调味品？

选购调味品，总原则是要求看准其包装或瓶子上的标签，选购正规厂家、标签明晰、认证标志清楚的产品。因为调味品的主要品质在于其色、香、味，并兼有一定的营养价值。因此，购买时主要通过各种调味品固有的色、香、味性状来鉴别其优劣。

○　酱油

（1）颜色　正常酱油为红褐色，品质好的颜色会稍深一些，应无沉淀、无浮膜。生抽酱油颜色较浅，老抽颜色较深。但如果颜色太深，甚至近乎墨色，则表明其中加了焦糖色素，香气、滋味就会差一些。因此，酱油颜色不是越深就越好。如果色浅，不浓稠，香气和鲜味很淡，甚至没有，可判断为掺水酱油。如果酱油中掺入大量食盐，可增加其浓稠和色调，但尝之味苦涩。

（2）香气　传统酿造酱油散发脂香气，但现大多为勾兑酱油，脂香气不明显。如果闻有臭味、煳味、异味等，都是不正常的。

（3）味道　口尝味醇厚适口，滋味鲜美，无异味的为优质酱油；生抽酱油味道较淡，味较鲜；老抽酱油味道较浓，鲜味较低。如尝有酸、苦、霉、涩等不良味道，则是劣质酱油。

○ 醋

（1）味道　选购醋应把尝味放在首位。蘸一点醋口尝，好醋酸味柔和、醇厚、香而微甜，入喉顺滑不刺激。由冰醋酸勾兑的醋味道则比较涩，劣质醋甚至明显有"扎嗓子"的感觉。同时要注意标签上注明的总酸度，即醋酸含量。对酿造醋来说，醋酸含量越高说明食醋酸味越浓，比如总酸度6％的就比3％的好。购买时，食醋标签上标明总酸含量在5％以上的，通常不需要添加防腐剂。

（2）颜色　优质醋呈棕红色或褐色（米醋为玫瑰色、白醋为无色）。认为好醋的颜色应该比较深，这是一个误区。醋的优劣并非取决于颜色的深浅，二是看它颜色是否清亮，有无过量的悬浮物和沉淀物。质量差的醋颜色可能会过深或过浅，且有不正常的沉淀物；但冰醋酸勾兑的醋，颜色却清亮，这是购买时要注意的。没有加增稠剂和焦糖色素的醋，质地浓厚、颜色浓重的品质较好，不必追求透明。而由淀粉、糖类发酵的醋，因含有丰富的营养物质，瓶底会有一层薄薄的沉淀物，食用时不必担心。

（3）香气　好醋有浓郁的醋香，在酸味之余，能闻到粮食、水果发酵后的香味，熏醋还会有熏制的香气。而质量较差的醋往往醋味较淡或酸味刺鼻。

○ 味精

（1）味道　优质味精品尝起来，有冰凉感，有明显浓烈的鲜味，且有点鱼腥味，无明显咸味，易于溶化。如果口尝有苦、咸或涩味而无

鲜味及鱼腥味，说明掺入了食盐、尿素、小苏打等物质。如果尝后有冷滑、黏糊之感，并难溶化，可能掺入了石膏或木薯淀粉。如果尝有甜味，则是掺入了白糖。

（2）颜色　优质味精为洁白、有光泽、基本透明的晶状体，呈大小均匀的长形颗粒，颗粒两端为方形，无杂质，无其他不均匀的颗粒物质。如果混有不透明、不洁白光泽的颗粒，则可能有掺假物质。

（3）香气　优质味精闻起来无气味、无异味。如果有异味则可能掺入了其他物质。

如何识别染色花椒?

1 看　花椒口皮如果是红色或青色，一般都染过色，只要没染过色，口皮都是白色。

2 搓　将花椒放在餐巾纸上揉搓，若是染色花椒，就会掉色。

3 泡　取一小把花椒置于清水中浸泡，如果水质呈明显的红色或绿色等，是染色花椒的可能性大。

米面的
鉴别与选购

怎样鉴别大米的新、陈、优、劣?

大米有籼米、粳米和糯米三类。大米品种较多、风味各异,但对其质量的鉴别方法基本相同。选购大米时,除了查看水分含量、有无杂质及生虫情况外,主要鉴别是新米还是陈米及其质量优劣。

○ 辨别新米、陈米

新米米粒有光泽,透明度好,有大米固有的清香味,手抓滑爽。米粒的腹部、基部、胚芽能保留部分或绝大部分。腹白(米粒上呈乳白色的部分)很小。用新米做的米饭油润可口、黏性好、味清香。陈米米粒没有胚芽,光泽较暗,透明度差,手抓大米时会粘上糠粉,有陈米味。米饭口味较差,腹白大的米黏性差。如有霉变,可闻到霉味。

○ 辨别米质优劣

(1)优质大米色青白,有光泽,半透明。米粒均匀,坚实丰满,粒面光滑完整，很少有碎米，无爆腰（米粒上有裂纹），无腹白（腹白是由于稻谷未成熟，糊精较多而缺乏蛋白质），无虫，不含杂质。具有正常大米清香味，滋味微甜，无异味。

（2）次质大米色泽呈白色或淡黄色，透明度差或不透明，米粒大小不均，饱满度差，碎米多，有爆腰和腹白，粒面发毛、生虫，有杂质。清香味不明显或无味。

（3）劣质大米霉变的米粒表面呈绿色、黄色、灰褐色、黑色等。有结块、发霉现象，表面有霉菌丝，组织疏松。闻之有霉变气味、酸臭味、腐败味或其他异味。口尝有酸味、苦味或其他异常滋味。

（4）要注意识别不法商贩将陈米、霉变大米中掺入有害物质伪装出售。如用色素染绿大米，称其为"绿色食品"欺诈消费者；用工业白蜡油，甚至用有毒的矿物油"抛光"大米冒充优质大米，坑害消费者。

📋 如何鉴别伪劣黑米?

目前，市场上常见的黑米掺假有两种情况：一种是存放时间较长的次质或劣质黑米，经染色后以次充好出售；另一种是采用普通大米经染色后充黑米出售。天然黑米经水洗后也会掉色，只不过没有染色黑米严重而已。消费者在购买黑米时可从以下几个方面进行鉴别：

一看 看黑米的色泽和外观。一般黑米有光泽，米粒大小均匀，很少有碎米、爆腰（米粒上有裂纹），无虫，不含杂质。次质、劣质黑米的色泽暗淡，米粒大小不匀，饱满度差，碎米多，有虫，有结块等。对于染色黑米，由于黑米的黑色集中在皮层，胚乳仍为白色，因此，消费者可以将米粒外面皮层全部刮掉，观察米粒是否呈白色，若不是呈白色，则极有可能是人为染色黑米。

二搓 用手搓一搓米，看手上有没有染料，如果有黑色染料，就是假米。

三泡 正常黑米的泡米水是紫红色，稀释以后也是紫红色或偏近红色。如果泡出的水像墨汁一样的，经稀释以后还是黑色，有可能就是假黑米，不宜食用。

如何选购面粉？

面粉按性能和用途，分为专用面粉（如面包粉、饺子粉、饼干粉等）、通用面粉（如标准粉、富强粉）、营养强化面粉（如增钙面粉、富铁面粉、"7+1"营养强化面粉等）。按精度，分为特制一等面粉、特制二等面粉、标准面粉、普通面粉等。按筋力强弱，分为高筋面粉、中筋面粉及低筋面粉。

选购面粉时，可用看、闻、捏、认等四法鉴别其质量。

（1）**看颜色** 面粉的自然颜色为乳白色或微黄色。面粉颜色不是越白越好。面粉增白有两种情况：一是过量添加增白剂过氧化苯甲酰，虽然这种增白剂过去国家标准允许使用，但不得过量使用，否则不仅破坏面粉中维生素A、维生素B等营养素，而且其分解产物苯甲酸进入肝脏代谢，长期食用可致维生素缺乏及肝脏功能损害；二是非法使用"吊白块"（即甲醛次硫酸氢钠），它是毒性很大的漂白剂，国家早已明令禁用，非法使用吊白块可使面粉变得很白，以此冒充高档面粉出售，牟取暴利。选购时尽量选购标明"不加增白剂"的面粉。另外，混有少量麸星的面粉，虽然看相较差，但营养价值较高。

（2）闻气味 正常面粉具有麦香味。若一开袋就有漂白剂的味道，则为增白剂添加过量；或有异味或霉味，表明面粉遭到污染，已经变质。

（3）捏水分 用手抓取面粉时手心有凉爽感，如握紧成团不易散开，则为水分超标。

（4）认品牌 从标志和标签认准品牌，选购名牌产品或知名大企业产品，质量较为安全可靠。如果有腐败味、霉味，颜色发暗、发黑或结块的现象，说明面粉储存时间过长，已经变质。

其他类食品的
鉴别与选购

怎样选购优质豆制品?

豆制品品种很多，如豆腐、豆腐脑、豆腐干、臭豆腐等。选购好的豆制品，要掌握以下原则和方法。

○ 豆制品选购原则

最好到有冷藏保鲜设备的副食商场、超级市场选购。

真空袋装较散装安全。真空袋装豆制品要比散装的豆制品卫生，保质期长，携带方便；要查看袋装豆制品是否标签齐全，选购生产日期与购买日期接近的产品。

选购真空抽得彻底的完整包装。

豆制品要少量购买，及时食用，最好放在冰箱里保存，如果发现豆制品表面发黏，就不要食用了。

○ 常见豆制品选购方法

（1）选购豆腐　优质豆腐呈均匀乳白色或微黄色，稍有光泽。豆腐块完整，软硬适度，有弹性，质地细嫩，结构均匀，无杂质，有豆腐特有的香味，口感细腻清香。次质豆腐有豆腥味、馊味等异味，口感粗糙。劣质豆腐块形不完整，触之易碎，无弹性，有杂质，表面发黏。过于死白的豆腐，可能使用了漂白剂。

（2）选购豆腐干　优质豆腐干表皮乳白色或浅黄色，有光泽，质地细腻，边角整齐，有弹性，切开时挤压不出水，无杂质，有豆香味，咸淡适口，滋味纯正。相反，凡色泽深黄或略发红，没有光泽或过于光亮，质地粗糙，且边角不齐或缺损，弹性差，表面黏滑，切开时粘刀，切口处可挤出水珠，有馊味、腐臭味、酸味或其他不良气味的豆腐干，属次质或劣质制品。

（3）选购千张　优质千张呈白色或微黄，有光泽感，色泽均匀，结构紧密细腻，有韧性，不粘手，无杂质，并有豆腐固有的清香味，口感纯粹，无异味感。次质或劣质干张则色泽灰暗，深黄而无光泽，颜色不均，韧性差，表面发黏，闻有酸臭味或腐臭味。

（4）选购腐竹　优质腐竹颜色淡黄，表面光亮，一般为枝条或片叶状，质脆易折，无霉斑、杂质、虫蛀，口感纯正，且有腐竹固有的香味。而劣质腐竹色呈灰黄、深黄或黄褐色，无光泽，有霉斑、杂质，闻有霉味、酸臭味等不良气味。

（5）选购臭豆腐干　要"一看、二嗅、三掰"来判断是否是优质产品。首先看泡臭豆腐干的水，用于制作臭豆腐干的臭卤水应呈青黑色，而不是墨黑色。如果黑得像墨水一样，则不正常（很可能是硫酸亚铁配置的卤水）；其次闻，优质臭豆腐干应具有辛香料和植物料发酵后的香气，有鲜味、无酸味，咸淡浓度适中。如果臭味很刺鼻，则可能是加了入氨水；最后掰开豆腐干看一看，里面是否发白，如果颜色灰暗则为非正常发酵制品。

如何"五看一闻"购买白酒?

为了保证饮酒安全，除了不要过量饮酒外，酒的质量是很重要的因素。选购白酒要防范假酒、劣质酒。市场上常可遇到采用非法手段勾兑出来的假酒、劣质酒。因此，选购白酒时要注意"五看一闻"。

一看瓶型

许多名酒有独特的瓶型，如茅台为白色圆柱形玻璃瓶，瓶子质地好，无杂质。五粮液瓶型有鼓形（俗称"萝卜瓶"）、麦穗形两种，瓶子用料细致，制作精良，瓶底圆形，周围有规则的凸出条纹。

二看标签

正品白酒标签印制精美，纸质优良，字体清晰，色泽均匀，图案套色准确，有的在包装盒或瓶盖上使用了激光全息防伪图案。假酒的商标标签印制粗糙、色泽不正、图案模糊。

三看瓶盖

国家认可公布的名牌白酒瓶盖为统一的铝质金属防盗盖，盖体光滑、形状统一、对口严密、开启方便。假酒瓶盖不严，倒看往往有滴漏，盖口不易扭断。

四看包装

正品名酒包盒印制精细、接缝严密、松紧均匀，有的瓶盖有塑料膜包裹且十分严密。

五看清浊

清澈透明无沉淀，震摇后酒花消失缓慢为优质酒；若有沉淀，甚至有漂浮物，酒花密集上翻，则可能是劣质酒。

一闻

倒一点酒在手上摩擦片刻，闻其气味，清香者为上等酒，气味甜者为中等酒，气味苦臭或有其他异味者为劣质酒。

如何识别掺假蜂蜜？

将蜂蜜滴在白纸上，如果蜂蜜渐渐渗开，说明掺有蔗糖和水。掺有糖的蜂蜜其透明度较差，不清亮，呈混浊状，花香味也较差。掺红糖的蜂蜜颜色显深，掺白糖的蜂蜜颜色浅白。

掺有面粉、淀粉或玉米粉的蜂蜜，色泽较混浊，味道也不够甜。将少量蜂蜜放入杯中，加适量水煮沸，待冷却后滴入几滴黄酒摇匀，如果溶液变成蓝色或红色、紫色，说明蜂蜜中掺有淀粉类物质。

用烧红的铁丝插入蜂蜜中，如果铁丝上附有黏物，说明蜂蜜中有杂质。如果铁丝上仍很光滑，说明没有杂质。

取一分蜂蜜，加入两分冷开水及四分95%的酒精，混匀后放置一昼夜，如果无杂质沉淀，说明品质纯正。

用筷子挑起蜂蜜能拉长丝，且丝断会自动回缩呈球状者为上品。

怎样选择牛乳制品？

乳制品一般可分为牛乳制品和含乳饮料两大类。含乳饮料的包装上标有"饮料""饮品""含乳饮料"等字样，其配料表除了牛奶外，一般还含有水、甜味剂等，其蛋白质含量一般在1%左右。而牛乳制品才是真正意义上的"牛奶"，它包括巴氏杀菌乳、灭菌乳、酸牛乳等，其配料为牛奶等，但不含水（复原乳除外），其蛋白质含量一般在2.3%以上。两者是不同类型的饮品，营养成分相差悬殊，不可混为一谈，消费者选购时需注意两者的区别。

消费者在选购牛乳制品时，最好选择品牌知名度高且标识说明完整、详细的产品，注意不要与其他饮品混淆，特别要注意是否有生产日期和保质期，要留意不同种类、不同包装的产品，其保质期和保存方法也不一样。若保存方法不当或包装破损、鼓包、胀气时最好不要购买。

什么样的菊花茶可以放心喝?

购买菊花茶的时候,首先看花色是否正,如果特别白,就要考虑可能是用硫黄熏蒸过。另外,天然的菊花放久了会变色,如果买来放了几个月都不变色,也有可能是硫黄熏制的。第二是闻气味,天然的菊花只有淡淡的清香味,不能有酸味。如果有酸味,可能是二氧化硫超标,不建议购买这种菊花茶。

另外,菊花属寒性,不宜长期饮用,尤其是身体虚寒、肠胃不太好的人,饮用需谨慎。

第四章

不可不知的
食品添加剂

什么是食品添加剂？

根据《食品安全国家标准　食品添加剂使用标准》（GB 2760-2014）的定义：食品添加剂是为改善食品品质和色、香、味，以及为防腐、保鲜和化学工艺的需要而加入食品中的化学合成或者天然物质。营养强化剂、食品用香料、胶基糖果中基础剂物质、食品工业用加工助剂也包括在内。目前我国已批准使用的食品添加剂有22类1513种。

食品添加剂主要分为哪些类别？

食品添加剂可按照来源和用途的不同进行分类。

按照其来源的不同，可以分为天然食物添加剂和合成食物添加剂。目前使用的大多属于化学合成食品添加剂。

按照其用途的不同，分为防腐剂、抗氧化剂、发色剂、漂白剂、酸味剂、凝固剂、疏松剂、增稠剂、消泡剂、甜味剂、着色剂、乳化剂、品质改良剂、抗结剂、增味剂、酶制剂、被膜剂、发泡剂、保鲜剂、香料、营养强化剂和其他添加剂22类。

食品添加剂的主要作用是什么？

有利于食品的保藏，防止食品败坏变质　例如，防腐剂可以防止微生物引起的食品腐败变质，延长食品的保存期，同时还具有防止由微生物污染引起食物中毒的作用。这些对食品的保藏都具有一定意义。

改善食品的感官性状　食品的色、香、味、形态和质地等是衡量食品质量的重要指标。适当使用着色剂、护色剂、漂白剂、食用香料以及乳化剂、增稠剂等食品添加剂，可明显提高食品的感官质量，满足人们的不同需要。

✿ **保持或提高食品的营养价值** 在食品加工时适当地添加某些属于天然营养范围的食品营养强化剂，可以大大提高食品的营养价值，这对防止营养不良和营养缺乏、促进营养平衡、提高人们健康水平具有重要意义。

✿ **增加食品的品种和方便性** 现在市场上已拥有多达20000种以上的食品可供消费者选择，尽管这些食品的生产大多通过一定包装及不同加工方法处理，但在生产工程中，一些色、香、味俱全的产品，大都不同程度的添加了着色、增香、调味及其他食品添加剂。正是这些食品的供应，给人们的生活和工作带来极大的方便。

✿ **有利于食品的加工制作，适应生产的机械化和自动化** 在食品加工中使用消泡剂、助滤剂、稳定和凝固剂等，可有利于食品的加工操作。

✿ **满足其他特殊需要** 食品应尽可能满足人们的不同需求。例如，糖尿病人不能吃糖，则可用无营养甜味剂或低热能甜味剂。

📋 食品添加剂是否有"毒"？

食品添加剂是指为了改善食品品质和色、香、味以及为防腐和加工工艺的需要而加入食品中的化学合成或者天然物质。由于不正确的宣传，例如有些食品的包装上醒目地写上"不含防腐剂"的字样，使人们对食品添加剂产生不少误解。这里反映出对食品添加剂的认识问题，似乎是不含添加剂的食品就是安全可靠的。事实上，只有经过高温杀菌并进行无菌包装或者做成罐头，这种方式加工的食品才可以不加防腐剂，而大多数加工食品中，如果不按规定加入适量的食品添加剂，甚至无法生产。其实，各种食品添加剂能否使用，使用范围和最大使用量各国都有严格规定，受法律保护，以保证安全使用，这些规定是建立在一整套科学严密的毒性评价基础上的。只要严格按照国家标准规定的添加量在食品中正确使用食品添加剂，是不会对人体造成危害的。

什么情况下可以使用食品添加剂?

1 保持或提高食品本身的营养价值。

2 作为某些特殊膳食用食品的必要配料或成分。

3 提高食品的质量和稳定性，改进其感官特性。

4 便于食品的生产、加工、包装、运输或者贮藏。

什么是食品添加剂的残留量?

食品添加剂或其分解产物在最终食品中的允许残留水平。如果按照标准检测方法检出食品添加剂的残留量超过《食品安全国家标准　食品添加剂使用标准》（GB 2760–2014）规定的残留量水平则是违法的。

甲醛是食品非法添加物吗?

甲醛为已经确定的致癌物,可以导致人患耳、鼻、喉癌和白血病。工业用甲醛俗称福尔马林,因其具有杀菌和防腐的能力,还常用作农药和消毒剂。甲醛不能添加到食品中,但是,因为被甲醛泡过的水产品不仅保质期长,看上去也很新鲜,不法商贩常用甲醛浸泡鱿鱼等水产品。消费者购买时应警惕。

硫黄是食品非法添加物吗?

硫黄不能用于食品,如果添加到食品中,就是食品非法添加物。不法商贩常会利用硫黄燃烧产生的二氧化硫气体熏蒸食品,起到漂白、杀菌、防腐的作用。硫黄往往含有微量砷、硒等有害物质,熏蒸产生的二氧化硫对呼吸道黏膜有刺激作用,会损害支气管,诱发呼吸道炎症。

食品色素一定有害吗?

按照国家标准使用食品色素是安全的。国家对于在食品上使用食品色素有严格的限制,明确规定了食品色素的使用原则、允许使用的品种、使用范围及使用限量或残留量。

有些食品色素还具有营养价值和生理活性。如广泛用于果汁饲料的β-胡萝卜素着色剂,不仅是维生素A原,还具有显著的抗氧化、抗衰老等保健功能,用于各种食品着色的红曲红色素还具有降血压作用。

苏丹红是食品非法添加物吗?

苏丹红是一种人工合成的红色染料,并非食品添加剂。苏丹红染色鲜艳,用后不易褪色,一些不法商贩为了避免辣椒放置久后变色而在辣椒中加入苏丹红。苏丹红还可能被非法添加到调味酱、香肠、泡面、熟肉等食品中。苏丹红的主要化学成分具有致癌性,对人体的肝肾器官有明显的毒性作用。因此,消费者在购买过程中发现颜色异常鲜艳的食品要格外小心。

吊白块是食品非法添加物吗?

吊白块又称雕白粉,是以福尔马林结合亚硫酸氢钠再还原制得,是一种强致癌物质,对人体的肺、肝脏和肾脏损害极大,普通人经口摄入纯吊白块10克就会中毒致死,国家明文规定严禁在食品加工中使用。若食用经"吊白块(甲醛次硫酸氢钠)"加工漂白的粉丝、米粉、面粉、白糖、单晶冰糖、腐竹,可能引发中毒事故。甲醛次硫酸氢钠进入人体后,可能作用于某些酶系统,并可能引起机体细胞变异,从而损害肺、肝、肾,以致引发癌症。

硼砂是食品非法添加物吗?

如果硼砂添加到食品中,就是食品非法添加物。一些不法商贩将硼砂添加到腐竹、肉丸、凉粉、棕子、年糕、鱼丸等食品中,以增加韧性、脆度并改善食物保水性。但硼砂可引起急性中毒,长期小量摄入后,在人体内蓄积,会引起食欲减退、消化不良、体重减轻等不良反应。

第五章

谨防
食物中毒

食物中毒的基础知识

什么是食物中毒？

食物中毒是指正常人经口摄入正常数量的食物，但实际上该食物含有有毒、有害物质，或将有毒物品当作食物食用后发生的一种急性或亚急性感染或中毒性综合征。

有些疾病虽然与饮食有关，但不属于食物中毒，如有的人生来就缺乏乳糖酶，喝了牛奶后就会有不良反应，甚至恶心、呕吐；又如有的人在宴席上暴饮暴食，导致身体不适，甚至出现胃肠炎症状，而同桌的其他人餐后没有异常表现；再如因食品卫生状况不良引起的传染病，像心血管疾病等许多慢性病，虽然也与饮食不合理有关，也不列为食物中毒。

食物中毒有什么特点？

（1）发病快，来势猛，群发性，即在较短时间内突然产生一批患者。

（2）有共同的食物暴露史，通过调查可发现，患者都会怀疑吃了某种同样被污染的食物，凡发病者都食用过该食物，而未食用过该食物者不发病。

（3）患者症状相似，同一批食物中毒患者的临床表现很相似，一般都有相似的急性胃肠炎症状，或者有同样的神经系统中毒症状。

（4）无传染，一般无人传人的现象发生。

（5）有季节性高发现象，如细菌性食物中毒全年都有发生，但多以夏秋季为主。

（6）有地区性，如副溶血性弧菌食物中毒多发生在沿海地区，而发酵米面和霉甘蔗中毒多发生在北方。

食物中毒有哪几类？

○ 微生物性食物中毒

细菌性食物中毒 特点：以胃肠道症状为主，常伴有发热，其潜伏期相对于化学性食物中毒更长。

真菌毒素与真菌食品中毒 特点：主要通过进食被真菌污染的食品而中毒；用一般的烹调方法加热处理不能破坏食物中的真菌毒素；没有传染性和免疫性，真菌毒素一般都是小分子化学物，对机体不产生抗体；真菌生长繁殖及产生毒素需要一定的温度和湿度，因此中毒往往有较明确的季节性和地区性。

○ 化学性食物中毒

特点：发病与进食时间，食用量有关；发病快，潜伏期短，多在进食后数分钟至数小时内发生；常有群体性，病人有相同的临床表现；中毒程度严重，病程长，发病率及死亡率高；季节性和地区性均不明显，中毒食物无特异性；剩余食品、呕吐物、血和尿等样品中可以检测出有关化学毒物；误食混有强毒的化学物质或食入被有毒化学物污染的食物；临床表现因毒性物质不同而多样化，一般不伴有发热。

如何预防食物中毒？

俗话说"病从口入"，预防食物中毒的关键在于把牢饮食关，搞好饮食卫生。养成良好的卫生习惯，勤洗手，特别是饭前便后，用除菌香皂、洗手液洗手。

（1）不要随便吃野果，吃水果后不要急于喝饮料，特别是水。

（2）剧烈运动后不要急于饮食。

（3）不到无证摊点购买油炸、烟熏食品，千万不要去无照经营摊点饭店购买食品或者就餐。

（4）注意挑选和鉴别食物，不要购买和食用有毒的食物，如河豚鱼、毒蘑菇、发芽土豆等。

（5）烹调食物要彻底加热，做好的熟食要立即食用，贮存熟食的温度要低于7℃，经贮存的熟食品，食前要彻底加热。

（6）避免生食品与熟食品接触，不能用切生食品的刀具、砧板再切熟食品。生、熟食物要分开存放。

（7）避免昆虫、鼠类和其他动物接触食品。

（8）到饭店就餐时要选择有《食品经营许可证》的餐饮单位，不在无证排档就餐。

（9）不吃毛蚶、泥蚶、魁蚶、炝虾等违禁生食水产品。

（10）不买无商标或无出厂日期、无生产单位、无保质期限等标签内容的罐头食品和其他包装食品。

（11）按照低温冷藏的要求贮存食物，控制微生物的繁殖。

（12）瓜果、蔬菜生吃时要洗净、消毒。

（13）肉类食物要煮熟，防止外熟内生。

（14）不随意采捕食用不熟悉、不认识的动物和植物（野蘑菇、野果、野菜等）。

（15）不吃腐败变质的食物。

另外，还要谨慎选购包装食品，认真查看包装标识；查看基本标识、厂家厂址、电话、生产日期是否标示清楚、合格。

哪些蔬果烹饪时要格外小心食物中毒？

第一类 豆类，如四季豆、红腰豆、白腰豆等，它们含有植物血球凝集素会刺激消化道黏膜，食入未煮熟的上述豆类会出现恶心、呕吐、腹泻等症状，如毒素进入血液，则会破坏红血球及其凝血作用，造成过敏反应。因此，四季豆等必须煮得熟透才能吃。

第二类 木薯类植物的可食用其根部，它含有生氰葡萄糖苷，误食后可在数分钟内出现喉道收窄、恶心、呕吐、头痛等症状，严重者甚至死亡。

第三类 竹笋，其毒素为生氰葡萄糖苷，将竹笋切成薄片，彻

底煮熟。

第四类 种子与果核，如苹果、杏仁、梨、樱桃、桃、梅等种子，以及其大而坚硬的果核，其毒素与木薯相同，症状也相似，但其毒性则是通过咀嚼，而非烹调转化。此类水果的果肉都没有毒性，果核或种子却含此毒素，食用时要去核或避免咀嚼这些种子与果核。

第五类 鲜金针，中毒后会出现肠胃不适、腹痛、呕吐、腹泻等症状。此毒素属水溶性，可在烹煮和处理的过程中被破坏，如经过食品厂加工处理的金针或干金针，都属于无毒。如以新鲜金针作为菜肴，则须彻底煮熟。

第六类 青色、发芽、腐烂的马铃薯，误食后会出现口腔灼热、严重胃痛、恶心、呕吐症状，其毒素茄碱会干扰神经细胞之间的传递，并刺激肠胃道黏膜，引发肠胃出血，大部分毒素存于土豆的青色部分以及薯皮和薯皮下。

此外，未成熟的青西红柿，已腐烂的南瓜都有可能使人中毒。

与细菌性食物中毒通常发病时间较长不同，天然毒素的中毒由化学反应而起，通常会在一两个小时内出现状况，发病状况与个人体质、年纪、健康状况等有关系。

发现有人食物中毒了该怎么办？

要将患者及时送往较近的医院治疗，并及时报告当地卫生行政管理部门。具体的处理步骤有：

1 告知其他人员停止食用疑似有毒食品。

② 采集患者呕吐、排泄物的标本，以备送检。

③ 协助患者进行治疗，主要是急救（催吐、洗胃和灌肠）。

如何处理中毒场所？

（1）接触过有毒食品的炊具、食具、容器或设备等，应予煮沸或蒸汽消毒处理，或用热碱水、0.2%～0.5%漂白粉溶液浸泡擦洗。

（2）对患者的呕吐场所用20%石灰乳或漂白粉溶液消毒。

（3）在必要时对中毒现场进行彻底地卫生清理，以0.5％漂白粉溶液冲刷地面。属于化学性食物中毒的，对包装过有毒化学物质的容器应销毁或改作非食用用具。

如何处理疑似有毒食品？

保护现场，封存疑似有毒食品。

追回已售出的疑似有毒的食品，妥善保管备查。

及时对疑似有毒食品送检。

一旦发生食物中毒，我们怎样进行急救？

一旦发生食物中毒，最好马上到医院就诊，不要自行服药。若无法尽快就医，可采取如下急救措施：

（1）催吐　如食物吃下去的时间在1～2小时内，可采取催吐的方法，取食盐20克，加开水200毫升，冷却后一次喝下；如不吐，可多喝几次，以促呕吐。还可用鲜生姜100克，捣碎取汁用200毫升温

水冲服。如果吃下去的是变质的荤食，则可服用"十滴水"来促进呕吐。也可用筷子、手指等刺激喉咙，引发呕吐。

（2）导泻　如果病人吃下食物的时间超过2小时，且精神尚好，则可服用些泻药，促使中毒食物尽快排出体外。一般用大黄30克，一次煎服，老年患者可选用玄明粉20克，用开水冲服即可缓泻；老年体质较好者，也可采用番泻叶15克，一次煎服，或用开水冲服，也能达到导泻的目的。

（3）解毒　如果是吃了变质的鱼、虾、蟹等引起的食物中毒，可取食醋100毫升，加水200毫升，稀释后一次服下。此外，还可采用紫苏30克、生甘草10克，一次煎服。若是误食了变质的饮料或防腐剂，最好的急救方法是用鲜牛奶或其他含蛋白质的饮料灌服。

食物中毒与食源性疾病有什么区别？

食源性疾病是指由于食用食物而引发的任何传染性疾病或中毒性疾病。因食品污染、长期少量摄入有毒有害物质引起的慢性中毒，以致发生"三致（致突变、致畸、致癌）"等危害，是属于慢性食源性疾病。这类疾病种类更多、范围更广泛。食物中毒属于食源性疾病中的一种，是指由于细菌、毒素和化学物质污染食品或误食有毒物质引起的急性或亚急性中毒或感染性疾病。食物中毒通常因一次大量摄入有毒有害物质所致，具有发病急、群发性、病情重、需要及时抢救的特点。

哪些原因可导致食物中毒?

（1）冷藏方法不正确，如将煮熟的食品长时间存放于室温下冷却，把大块食物贮存于冰柜中，或冷藏温度不够。

（2）从烹调到食用的间隔时间太长，使细菌有足够的繁殖时间。

（3）烹调或加热方法不正确，加热不彻底，食物中心温度低于70℃。

（4）由病原携带者或感染者加工食品。

（5）使用受污染的生食品或原辅料。

（6）生熟食品交叉污染。

（7）在室温条件下解冻食物。

（8）厨房设备、餐具的清洗及消毒方法不正确。

（9）加工使用来源不安全的食物。

（10）加工制备后的食物受到了污染。

如何预防食源性疾病?

（1）不买不食腐败变质、污秽不洁及其他含有害物质的食品。

（2）不食用来历不明的食品；不购买无厂名、厂址和保质期等标识的食品。

（3）不光顾无证无照的流动摊档和卫生条件不佳的饮食店，不随意购买、食用街头小摊贩出售的劣质食品、饮料。这些劣质食品、饮料往往卫生质量不合格，食用后会危害健康。

（4）不食用在室温条件下放置超过2小时的熟食和剩余食品。

（5）不随便吃野菜、野果。野菜、野果的种类很多，其中有的含有对人体有害的毒素，缺乏经验的人很难辨别清楚，只有不随便吃野菜、野果，才能避免中毒，确保安全。

（6）生吃瓜果要洗净。瓜果蔬菜在生长过程中不仅会沾染病菌、病毒、寄生虫卵，还有残留的农药、杀虫剂等，如果不清洗干净，不仅可能染上疾病，还可能造成农药中毒。

（7）不饮用不洁净的水或者未煮沸的自来水。水是否干净，仅凭肉眼很难分清，清澈透明的水也可能含有病菌、病毒，喝开水最安全。

（8）直接食用的瓜果应用洁净的水彻底清洗并尽可能去皮；不吃腐烂变质的食物，食物腐烂变质，就会味道变酸、变苦；散发出异味，这是由于细菌大量繁殖引起的，吃了这些食物会造成食物中毒。

（9）进食前或便后应将双手洗净，养成吃东西以前洗手的习惯。人的双手每天接触各种各样的东西，会沾染病菌、病毒和寄生虫卵。吃东西以前认真用肥皂洗净双手，才能降低"病从口入"的可能性。

（10）在进食的过程中如发现感官性状异常，如食物变色、变味、沉淀、杂质、絮状物、发霉等现象，应立即停止进食。

野生蘑菇中毒
相关知识

为什么不能食用野生蘑菇？

　　野生蘑菇生长和采摘旺季往往也是毒蘑菇中毒的多发季节，由于有些野生毒蘑菇外观特征和可食用蘑菇外观特征没有明显区别，且至今有些毒蘑菇还没有找到快速可靠的鉴别方法，民间流传的一些识别毒蘑菇的方法并不可靠，导致人们误食毒蘑菇引发的中毒事件时有发生。广大市民要做到不采摘、不买卖、不食用野生蘑菇，千万不能凭经验方法来识别复杂多样的野生蘑菇。集体供餐单位特别是农村聚餐和建筑工地食堂在购买食品原料时要认真查验，严格索证，严禁使用来历不明的食品原料，不得加工和食用野外采摘的蘑菇及植物。发现疑似毒蘑菇及有毒植物的情况要及时处理销毁，严防其流入餐桌。

　　一旦误食野生毒蘑菇中毒，发生头晕、恶心、呕吐、乏力等症状，千万不要疏忽大意，要立即到有条件的医院救治，以免延误治疗，同时让中毒者饮用大量温开水或淡盐水，然后将手伸进咽喉部催吐，以减少毒素吸收，并及时向卫生部门、食品药品监督管理部门和当地乡镇政府报告。

如何辨别毒蘑菇？

辨别毒蘑菇通常采用"三看一闻"。

一看颜色 有毒蘑菇一般菌面颜色鲜艳，采摘后易变色。

二看形状 有毒的蘑菇往往菌盖中央呈凸状，形状怪异，菌面厚实、板硬，菌柄上有菌轮、菌托，菌柄细长或粗长，易折断。

三看分泌物 将采摘的新鲜野蘑菇撕断菌株，有毒的往往有稠浓分泌物，呈赤褐色，撕断后在空气中易变色。

四闻气味 无毒的蘑菇一般有特殊香味，有毒蘑菇常有怪异味。

有些毒蘑菇和食用菌的宏观特征没有明显区别，即使是真菌专家也难以仅靠其外形特征就轻易分辨开来。鉴别是否是毒蘑菇需要进行动物试验、化学分析、形态比较等多方面的工作。因此，不要轻易相信所谓的"民间偏方"去分辨毒蘑菇。建议不要随意采摘野生菌食用！

有毒的野生菌晾干了就无毒了？

野生食用菌是绿色食品，也是蛋白质和氨基酸含量丰富、脂肪含量极低、维生素及微量元素较多的保健食品，又因味道鲜美而成为老百姓餐桌上的佳肴。

近年来，频频发生食用野生菌中毒的事例。经调查，多是因为无毒的与有毒的野生菌外观相似，又因生长环境变化、物种变异等多种因素影响，真假难辨，人们误食了有毒蘑菇而发生中毒。有少数老百姓仍有传统认识误区，认为虽然野生菌有毒，只要晒干了就无毒。通过近几年的实例统计，食用晒干了的有毒野生菌照样中毒，因为野生菌内所含毒素不会因为水分蒸发而消失，还会存在于菌体中。

误食毒蘑菇后的常见中毒症状有哪些？

误食毒蘑菇后的中毒症状可分为胃肠炎型、神经精神型、溶血型、肝脏损害型、呼吸与循环衰竭型和光过敏性皮炎型等6个主要类型。其中，胃肠炎型是最常见的中毒类型，一般多在食后10分钟至6小时发病，主要表现为急性恶心、呕吐、腹痛、水样腹泻，或伴有头昏、头痛、全身乏力等症状。一般病程短、恢复较快，预后较好，死亡者很少。但严重者会出现吐血、脱水、电解质紊乱、昏迷等症状。

误食毒蘑菇中毒后应采取哪些急救措施？

误食了毒蘑菇后，应及早治疗，否则会引起严重的后果。首先考虑排除体内毒物，防止毒素继续吸收而加重病情。

中毒初期可使用物理催吐或药物催吐进行排毒。先让病人服用大量温盐水，可用4%温盐水200～300ml或1%硫酸镁200ml，5～10ml一次，然后可用筷子或指甲不长的手指（最好用布包着指头）刺激咽部，

促使呕吐；或者在医护人员的指导下，用硫酸铜、吐根糖浆、注射盐酸阿扑吗啡等药用催吐。注意孕妇慎用催吐。

中毒者将误食的毒蘑菇吐出后，及时去医院，在医生的指导下进行合理正确救治，采取如洗胃、灌肠、输液和利尿等救治措施。

其他食物中毒
相关知识

📋 什么样的土豆吃了会中毒?

马铃薯幼芽及芽眼部分含有大量龙葵素(龙葵碱),人食入0.2~0.4克即可引起中毒。中毒初期,先有咽喉抓痒感及烧灼感,其后出现胃肠道症状,剧烈地吐泻。预防马铃薯中毒可以采取以下措施:

1 马铃薯应贮藏在低温、无直射阳光的地方,或用沙土埋起来,防止发芽。

2 不吃发芽或黑绿色皮的马铃薯。

3 加工发芽马铃薯,应彻底挖去芽、芽眼及芽周部分。

4 龙葵素遇酸分解,烹调时可加入少量食醋。

📋 如何预防四季豆中毒？

由于四季豆的含毒成分尚不十分清楚，可能与皂素和植物血凝素有关。中毒者多进食过未烧透的四季豆。因此，加工四季豆宜炖食，不宜水焯后做凉菜。应彻底加热、炒制，充分加热以破坏毒素。

📋 为什么汤圆变红后不能食用？

汤圆变红是被酵米面黄杆菌污染的结果，由于该菌能产生毒素，食用后会引起中毒。酵米面黄杆菌可以产生毒性很强的外毒素，又很耐热，一般烹调方法都不能破坏其毒性。食用了被酵米面黄杆菌污染的食物发生中毒者会出现食欲不振、胃部不适、恶心呕吐，重者可吐咖啡样物，同时伴有腹胀、腹痛、便秘、便血等症状。

📋 为什么要谨慎食用鲜黄花菜？

鲜黄花菜中含有秋水仙碱，秋水仙碱本身虽无毒，但经胃肠吸收后，在代谢过程中可被氧化为二秋水仙碱，这是一种剧毒物质。成年人如果一次摄入秋水仙碱0.1～0.2毫克，可在0.5～4小时内出现中毒症状。如果一次摄入量达到3毫克以上，就会导致严重中毒，甚至死亡。中毒表现为出现咽干、口渴、恶心、呕吐、腹痛、腹泻等症状，严重者还可出现血便、血尿，甚至导致死亡。

所以在食用鲜品时，每次不要多吃。由于鲜黄花菜的有毒成分在高温60℃时可减弱或消失，因此食用时，应先将鲜黄花菜用开水焯过，再用清水浸泡2个小时以上，捞出用水洗净后再进行炒食，这样秋水仙碱就能破坏掉，食用鲜黄花菜就安全了。食用干品时，最好在食用前用清水或温水进行多次浸泡后再食用，这样可以去掉残留的有害物，如二氧化硫等。

为什么不能吃"米猪肉"？

"米猪肉"就是含有寄生虫幼虫的病猪肉。瘦肉中有呈黄豆样大小不等，乳白色，半透明水泡，像是肉中夹着米粒，因此被称为"米猪肉"，这种肉对人体健康有极大的危害。

肉中的囊虫进入人体后，仍能存活和发育生长，使人的肌肉疼痛，活动困难，如果囊虫寄生在脑部，可引起头痛、癫痫、失眠、记忆力消退；如果寄生在眼部，会引起眼球变位，视力模糊，甚至失明，严重时可能导致死亡。

由于这种囊虫包多寄生在肌纤维中，购买时可用刀子在肌肉上切割，一般厚度间隔为1厘米，连切四五刀后，如果发现肌肉中附有小石榴籽或米粒一般大小的水泡状物质，即是囊虫包，这就是"米猪肉"。

变质食物经过高温加工后能吃吗？

有些家庭主妇比较节俭，有时将轻微变质的食物经高温煮过后再吃，以为这样就可以彻底消灭细菌。医学实验证明，细菌在进入人体之前分泌的毒素，是非常耐高温的，不易被破坏分解。例如引起食物中毒的肉毒杆菌和金黄色葡萄球菌，其产生的毒素即使高温加热也不会被分解破坏，吃了这种被毒素污染的食物仍会引起中毒。因此，这种用加热方法处理剩余食物的方法是不可取的。

吃了没成熟的青番茄会中毒吗？

吃没有成熟的青番茄会觉得嘴巴有点涩涩的感觉，这就是典型的"碱"的味道。在中学的化学课程里，大家都学过酸性与碱性，其中酸性就是食醋的那种味道，而碱性就是这种青番茄的涩味。

龙葵素不但具有碱性，还具有毒性。青番茄中含有的龙葵素含量很低，要比马铃薯中的含量低得多。即使将番茄中龙葵素的含量按马铃薯中含量的最高值0.01%来计算，人一次口服要达到中毒剂量（0.2克），那就要一次性吃下2千克青番茄。这在一般情况下是不会发生的，很少有人能一口气吃2千克也就是4斤番茄。所以，我们可以得出一个初步的结论：正常情况下，吃一两个没成熟的青番茄是不会中毒的。

随着番茄的成熟，番茄中龙葵素的含量会越来越低，所以吃红色熟透的番茄就更不会中毒了！

但是，既然青番茄里含有致毒因子，建议大家在吃青番茄的时候，最好在170℃以上的油锅里过一下，因为龙葵素在170℃以上的温度下就会分解，失去它的毒性。当然，龙葵素会与醋反应生成无毒的产物——利用的就是我们前面讲过的"酸碱中和"的原理，所以在炒青番茄的时候，加点醋，就可以确保龙葵素含量的降低，这样食用起来就更放心了。即便如此，还是建议一定要吃熟透了的红番茄。

为什么不能食用生蜂蜜?

蜂蜜为蜜蜂采集植物的花蜜、分泌物或蜜露,与自身分泌物混合后,经充分酿造而成的天然甜物质。由于蜜蜂的蜜源植物种类较多、生长环境复杂,可能导致蜂蜜中含有有毒物质。消费者食用未经加工处理的生鲜蜂蜜,有发生中毒的风险,严重时会导致死亡。

为预防蜂蜜中毒,建议消费者不要食用未经加工处理的生鲜蜂蜜,倡导消费者选择正规食品生产企业生产加工过的蜂蜜。

扁豆焯一下水,能不能减少毒素?

扁豆中含两种对人体有害的毒素,皂素会对胃黏膜产生较强的刺激,而植物血凝素可以使红细胞凝集,从而降低红细胞携带氧的能力。这两种毒素遇热不稳定,高温可以将其破坏。因此,无论焯水还是直接烹炒、炖煮,只要时间足够长,都能将毒素破坏。扁豆中毒的情况多出现在食堂,因为大锅炒菜,有可能会翻炒不均匀,导致一部分没炒熟。家庭中毒相对是比较少见的,因为自己家里做扁豆量一般比较少,容易炒熟。

但需要提醒的是,扁豆不能像其他蔬菜那样热烫一下或者爆炒一下就可以,一定要焖煮10分钟以上,加热完全。当扁豆颜色由鲜绿色变为暗绿或墨绿色,吃起来没有豆腥味,这样的扁豆才是熟透了,可以安心食用。如果实在担心中毒,可以事先焯一下,这样有助于扁豆均匀受热。

常见农药中毒症状

有机磷农药中毒有哪些症状？

有机磷农药（如甲胺磷、氧化乐果、敌敌畏、敌百虫等）中毒症状一般在接触后0.5～24小时之间出现。开始中毒时感觉不适、恶心、头痛、全身软弱和疲乏。随后发展为流口水（唾液分泌过多），并大量出汗、呕吐、腹部痉挛、腹泻、瞳孔缩小、视觉模糊、肌肉抽搐、自发性收缩、手震颤，呼吸时伴有泡沫，病人可能阵发痉挛并进入昏迷状态。严重的可能导致死亡。程度较轻的患者可以在一个月内恢复，一般无后遗症，有时可能有继发性缺氧情况发生。

氨基甲酸酯类农药中毒有哪些症状？

氨基甲酸酯类农药（如呋喃丹、速灭威）的中毒症状在3小时后开始出现，开始的中毒症状为感觉不适，并可能有呕吐、恶心、头痛和眩晕、疲乏和胸闷。之后病人开始大量出汗和流唾液（流口水），视觉模糊，肌肉自发性收缩、抽搐、心动过速或心动过缓，少数人可能出现阵发痉挛，甚至昏迷。一般在24小时内完全恢复（极大剂量的中毒者除外），无后遗症和遗留残疾。

有机氯农药中毒有哪些症状?

有机氯农药（如三氯杀螨醇）的中毒症状一般在接触药剂后数小时出现，开始的症状表现为头痛和眩晕，出现忧虑烦恼、恐惧感，并可能情绪激动。之后可能有呕吐、四肢软弱无力、双手震颤、癫痫样发作，病人可能失去时间和空间的定向，随后可能阵发痉挛。一般在1~3天内死亡或者恢复，恢复者一般无后遗症或永久性残疾。

拟除虫菊酯类农药中毒有哪些症状?

拟除虫菊酯类农药（如氯氰菊酯、氰戊菊酯）可以引起接触部位皮肤的感觉异常，特别是在前臂、面部和颈部。一般在首次接触药剂后数小时内，接触部位的皮肤感到刺痛，口、鼻周围最为明显。这种刺激是持续并不舒适的，但并非很痛苦，刺痛部位没有红斑或刺激迹象。这种局部效应是由于受影响部位皮肤神经的不能延长所导致的。引起这种效应的各农药品种有程度上的差异，以溴氰菊酯最为严重。这种局部症状在停止接触药剂后（或彻底洗涤后）24小时内自行消失，也没有后遗症。

除草剂百草枯有哪些中毒症状?

百草枯是一种很不寻常的化合物，是一种很好的除草剂，它对环境没有不良作用，因为它一接触到土壤就失去活性。已使用过大量百草枯对人没有发生不良影响。除非是反复的、不注意预防地接触，这样会造成指甲受腐浊和鼻黏膜受损而出血。除非是长时间接触，否则百草枯是不易经完整皮肤吸收的。但是如果吞服了，则其后果是灾难性的，死亡率非常高。这些病例是由于事故或有意摄入造成的。

　　吞服百草枯后立即发病，口腔和咽喉立即有灼烧感，口腔和咽喉因被腐蚀造成溃疡。随之就发生恶心、呕吐、胃疼，之后就胸闷，呼吸时伴有泡沫。中毒严重者即可因肺水肿及急性肾衰竭而死亡。程度较轻的病人则表现有肝、肾功能受损的体征。可能发生焦虑、抽痉。即使病人在第一周可能表现出一些好转现象，但可能会出现肺纤维化体征，逐渐有进行性的呼吸不足与缺氧性肺衰竭的表现。

第六章

食品安全问题
小常识

怎样读懂食品标签？

食品标签，是指在食品包装容器上或附于食品包装容器上的一切附签、吊牌、文字、图形、符号说明书。标签的基本信息包括食品名称、配料表、净含量及固形物含量、厂名、批号、日期标志等。它是对食品质量特性、安全特性、食用、饮用说明的描述。

看食品标签注意以下内容：①生产日期和保质期，一定要在保质期之内；②配料表，尤其是看使用了哪些食品添加剂，有些食品还会注明可能引起过敏的物质，如果您是过敏体质，可以关注一下是否有相关信息；③生产厂家的信息，正规的产品会标示得很清楚，比如产地、生产许可证号、制造商、地址、电话等。假冒伪劣产品或者作坊食品往往没有这些信息或标示不全，这样的食品风险很大，最好不要买。

无中文标签的进口食品能买吗？

《中华人民共和国食品安全法》第九十七条规定："进口的预包装食品、食品添加剂应当有中文标签；依法应当有说明书的，还应当有中文说明书。标签、说明书应当符合本法以及我国其他有关法律、行政法规的规定和食品安全国家标准的要求，并载明食品的原产地以及境内代理商的名称、地址、联系方式。预包装食品没有中文标签、中文说明书或者标签、说明书不符合本条规定的，不得进口。"据此，进口的预包装食品应当有中文标签，标签还应当符合本法以及我国其他有关法律、行政法规的规定和食品安全国家标准的要求。

无中文标签的进口食品是不符合我国相关法律食品安全标准的食

品,可能存在安全隐患,请不要购买。

家庭怎样防范食品安全风险?

安全的家庭饮食对家庭成员的健康十分重要。家庭食品安全除了要做好合理膳食、平衡营养、预防食源性慢性病外,预防家庭食物中毒也很重要。保证家庭饮食安全,"三大纪律""八项注意"。

三大纪律

一是合理贮藏食品,防止食品变质引起的食物中毒。

二是科学烹调食物,减少营养成分损失和防止有害物质产生。

三是注意平衡膳食,做到均衡营养,保障身体健康。

八项注意

选购食品时应到信誉好的食品店或超市购买定型包装食品。不要到无证摊贩处购买食品,也不要买"三无"食品(即无生产厂名、无生产地址、无食品生产许可证编号的食品)。

注意看食品的标签、标志,重点要看生产日期、保质日期、产地、生产商、产品成分等内容。

仔细观察产品外包装:字迹模糊,出现错别字,偏色,套色误差大的产品很有可能是假冒伪劣产品。另外,不要买包装破损的食品。

尽量选购当季盛产的蔬菜水果。

采用无色无毒的塑料袋包装餐具、储存食品。

对于有条件的家庭，建议选购无公害蔬菜、绿色食品和有机食品，但要保证来源可靠。

加工制作和食用小龙虾时应注意什么？

买来小龙虾后，最好放在清水里放养24～36小时，使其吐净体内的泥沙等杂质。

加工小龙虾时，要用刷子将虾壳刷洗干净。要清除其两鳃内的脏东西，最好把鳃剪掉，因为毛里面吸附了很多细菌。一定要将小龙虾蒸熟煮透后再食用。同时，要避免过量食用小龙虾。

隔夜茶能喝吗？

我们一般所说的隔夜茶指冲泡后放置时间在24小时内的茶，如果放置超过24小时，即使是饮料也有可能已变质，这种隔夜茶不能饮用。间隔时间在12个小时左右的茶是可以饮用的，虽然茶汤中的成分有所变化，但对身体无害，相反，放置一段时间的茶汤和刚泡好的茶汤相比，功效也有所不同。这种茶中含有丰富的酸素，可阻止毛细血管出血，如果有口腔炎、溃疡、牙龈出血等情况，可用隔夜茶漱口，能减少出血量，并起到消炎的作用。隔夜茶中含有丰富的氟，如果身上长了湿疹，可以用隔夜茶擦拭清洗，能快速止痒消炎。隔夜茶的饮用和使用，要以没有变质为度。如果夏季温度高，超过12小时的隔夜茶就不建议饮用了，秋冬季节则超过24小时的隔夜茶即不建议饮用。

隔夜饭菜能吃吗？

据科学测定，有些隔夜菜特别是隔夜的绿叶蔬菜，不但营养价值已被破坏，还产生了致病的亚硝酸盐。储藏蔬菜中亚硝酸盐的生成量随着储藏时间延长和温度升高而增多，而如果将蔬菜放在冰箱中冷藏（2~6℃），则其亚硝酸盐增加较少。城市中冰箱的普及使用，使人们从食物中摄入的亚硝酸盐含量下降，但并不等于把蔬菜放进冰箱就完全可以放心了。储存时间长了，亚硝酸盐的含量仍然会增加。值得一提的是，不同种类的蔬菜在相同储藏条件下，亚硝酸盐的生成量是不一致的。

炒熟后的菜里有油、盐，隔了一夜，菜里的维生素都氧化了，使得亚硝酸含量大幅度增高，硝酸盐虽然不是直接致癌的物质，但却是健康的一大隐患。亚硝酸盐进入胃之后，在具备特定条件后会生成一种被称为NC（N—亚硝基化合物）的物质，它是诱发胃癌的危险因素之一。尤其是在天气热的时候，隔夜的饭菜受到细菌污染，会大量繁殖，很容易引发胃肠炎、食物中毒。因此，不宜食用隔夜饭菜。

咸菜腌多久才能食用？

腌制时间2天以内或20天以上。经测定，咸菜在开始腌制的2天内亚硝酸盐的含量并不高，只是在第3~8天亚硝酸盐的含量达到最高

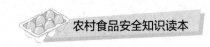

峰，第9天以后开始下降，20天后基本消失。所以腌制咸菜一般时间短的在2天之内，长的应在腌制1个月以后才可以食用。

腊肉好吃，能顿顿吃吗？

腊肉在生活中是大多人喜爱的食材，口感也很好，富含营养价值，但腊肉多为猪肉腌制而成，在加工和腌制的过程中都放入了大量的盐，这些盐会转化为亚硝酸盐，而亚硝酸盐对人体是有害的，所以腊肉不能常吃。如果每顿都吃，这样大量摄入对身体是有害的。

从营养健康的角度来说，特别是高血糖、高血压、高血脂等慢性疾病患者，或者老年人应注意少吃或是不吃。研究证明，100克腊肉中脂肪含量高达50%，而且胆固醇含量也相当高，高含量的胆固醇会沉淀、聚集在胆汁中形成结石，高胆固醇也会造成血管阻塞。动物性脂肪不易为人体所吸收，过多食用腊肉会增加脂肪肝风险；对于高血压心脏病患者来说，贪食腊肉，血压容易上升；患有痔疮的人易增加静脉网络的血压，会让痔疮变本加厉地疼痛；肾病患者也忌讳吃太咸，腊肉最好能不碰就不碰，如果体内积聚了过量的钠不能排出，就会导致水肿；有胃与十二指肠溃烂的患者也要禁食。常吃咸肉、腌肉类食品也容易损伤肺功能。有研究表明，经常吃腌肉制品易诱发慢性阻塞性肺病。因为在制作腌肉的过程中，会有亚硝酸盐产生。这种物质可产生活性氮和硝酸基，它们可以引发肺损害，影响肺的换气功能。有调查表明，每月摄入14次腌肉者，其每秒钟用力呼气量要比不食用腌肉者少115毫升，最大肺活量平均少60毫升。所以，人们应当尽量少吃或不吃腌肉，一般主张每周一次。

为什么绿叶蔬菜不能隔夜回锅?

因为绿叶蔬菜中硝酸盐含量较高，放置24小时后，微生物分解大量蛋白质化合物，促使硝酸盐转化为亚硝酸盐。亚硝酸盐可使血液中低铁血红蛋白氧化成高铁血红蛋白，失去运氧的功能，长期食用可引起食管癌、胃癌、肝癌和大肠癌等疾病。

食用不良水产品有哪些危害?

水产品的质量问题主要有：药残超标（如抗生素氯霉素、硝基呋喃、恩诺沙星等），水产品增重、漂白（或着色）、防腐等使用的化学物质，甲醛超标，受水质污染等。针对不同的情况，各有不同的结果，主要有以下几种类型。

食用药物毒杀的水产品的危害　毒鱼者使用的药物一般为敌杀死、除草剂、赛丹等农药。大量食用毒死水产品可造成人体二次中毒，少量食用可在人体内产生农药积累，造成富集性中毒。

食用被禁用渔药污染过水产品的危害　禁用渔药在水产动物体产生残留，间接威胁到人们的身体健康。比如氯霉素抑制人体造血功能，造成过敏反应，引起再生障碍性贫血；呋喃唑酮残留引起溶血性贫血、多发性神经炎、眼部损害和急性肝坏死等；孔雀石绿能溶解足够的锌，引起急性锌中毒，还是一种致癌、致畸性药物，对人体造成潜在危害。

食用投入了被禁用添加剂养殖的水产品的危害　禁用添加剂由于

含激素等违禁成分，对人体生长发育极为不利，尤其对少年儿童危害更大，可造成发育异常、过早性成熟等。

　○ **食用腐烂变质的水产品的危害**　由于水产品大多蛋白质含量非常丰富，死亡水产品如果不及时冷藏，短时间内就会腐烂变质，滋生大量细菌、病毒，给食用者的健康造成巨大威胁。

　○ **食用本身含毒素的水产品的危害**　有些水产品本身就含有剧烈毒素，如河豚鱼等，除非经专业厨师处理，否则消费不要轻易食用，极可能引起中毒。

　○ **食用患有人鱼共患病的水产品的危害**　大部分水产品的疾病不会传给人类，但也有些为人鱼共患病，如异尖线虫病等。食用这些患病鱼类，如果处理不当会造成人感染。

饭菜煳了还能吃吗?

做饭菜时，不慎将饭菜烧煳。有人因不愿浪费一样照吃，还有人相信煳了的饭菜能化食、治疗胃病，反而有时故意将饭菜烧煳了吃。

但是饭菜烧煳了，一是味道不好，也没有什么营养物质了。二是如果不慎将饭菜烧煳，会产生大量的苯丙芘，这是一种很强的致癌物质。所以万一火候掌握不当，把饭菜烧煳了，切不可食用。

豆腐吃不对也对身体有害吗?

其一　吃豆腐不能过量，每天最好控制在100～150克，否则可能导致以下健康问题。

（1）消化不良　豆腐中含有丰富的蛋白质，如果一次食用过多不仅阻碍人体对铁的吸收，而且容易引起蛋白质消化不良，出现腹胀、腹泻等不适症状。

（2）促使肾功能衰退　植物蛋白质被人体摄入后，经过代谢，大部分成为含氮废物，由肾脏排出体外。如果长期大量食用豆腐，摄入过多的植物蛋白质，势必会使体内含氮废物过多，加重肾脏的代谢负担。尤其是肾脏排泄废物能力下降的老年人，肾功能可能会进一步衰退。

（3）促使动脉硬化的形成　曾有报道称，豆制品中丰富的氨基酸可转化为半胱氨酸，被人体吸收后会损伤动脉管壁内皮细胞，易使胆固醇和三酰甘油沉积于动脉壁上，促使动脉硬化的形成。

（4）促使痛风发作　豆腐含嘌呤较多，易使嘌呤代谢失常的痛风病人和血尿酸浓度增高的患者尿酸结石或痛风发作。

其二　吃豆腐还要注意搭配，以免出现以下麻烦。

（1）蛋白质利用率低　豆腐所含的大豆蛋白缺少一种必需氨基酸——蛋氨酸。若单独食用，蛋白质利用率低。因此，可搭配鱼类、蛋类、肉类等富含蛋氨酸的食材一起吃，做成鱼头豆腐、豆腐炒鸡蛋、肉末豆腐等，能使整个氨基酸的配比趋于平衡，有利于豆腐中的蛋白质被充分吸收。

（2）导致碘缺乏　大豆含有一种叫皂角苷的物质，它能使人体内碘的排泄过盛，长期过量食用豆腐很容易引起碘缺乏。因此，吃豆腐时别忘搭配一些含碘丰富的食材，比如海带。

（3）形成结石　豆腐含钙量很高，如果常和草酸含量高的蔬菜一起吃，会生成不易被吸收的草酸钙，可能生成结石。因此，吃豆腐时尽量避免与菠菜、空心菜、红苋菜、茭白等草酸含量高的蔬菜搭配。如果搭配，一定要把蔬菜焯一下，减少其中的草酸含量。

为什么吃菠菜时需要用水焯一下？

因为菠菜中的草酸含量较多，吃起来有点发涩。草酸容易和食物中的钙结合形成不溶性的草酸钙，妨碍人体对钙的吸收。长期吃草酸含量高的食物，还容易产生肾结石。因此，吃菠菜前最好用水焯一下，经过水焯以后，菠菜中80%的草酸便可被除去。但焯的时间不宜太长，否则会降低菠菜中维生素的含量。焯过以后的菠菜不仅营养成分丢失不多，而且口感较好。

婴幼儿以及肺结核、软骨病患者，为了不影响钙的吸收，最好少吃或不吃菠菜。菠菜具有一定的滑肠作用，腹泻患者最好也不要吃。

发了芽的大蒜能吃吗？

许多人都有这样的经历：买回家一堆大蒜，过了一段日子，它们竟然发芽了。这就让人犯了难：发了芽的土豆有毒不能吃，发了芽的大蒜能不能吃呢？

我们先来了解一下大蒜发芽的过程。大蒜籽收获以后，休眠期一般为2~3个月。休眠期过后，在适宜的气温（5~18℃）下，大蒜籽便会迅速发芽、长叶，消耗茎中的营养物质。不管是青蒜，还是蒜薹、蒜瓣，在各个生长阶段的转变过程中都不会产生有毒物质。

所以，只要大蒜头没有变色发霉腐烂，即使发了芽也能吃，吃了没有什么害处。不过，发芽了的大蒜瓣因为把营养给了"新生命"，自己难免就萎缩、干瘪，食用价值大大降低。所以，如果发现大蒜发芽了，还不如干脆栽培起来吃长出来的蒜苗。

那么，有没有办法可以让大蒜不发芽或延迟发芽呢？您可以将大蒜装在塑料袋里，再把袋口封严，放在干燥阴凉处。这样大蒜释放出的二氧化碳散发不出去，相对减少了袋内的氧气，也阻隔了水分，能使大蒜处于休眠状态，可以延迟大蒜发芽。

哪些食物不能和柿子同吃？

柿子不要与含高蛋白的蟹、鱼、虾等食品一起吃。中医学认为，螃蟹与柿子都属寒性食物，不能同食。从西医学的角度来看，含高蛋白的蟹、鱼、虾在鞣酸的作用下，很易凝固成块，即胃柿石。

柿子和土豆同食不易消化。吃土豆后，胃里会产生大量盐酸，柿子在胃酸的作用下会产生沉淀，既难以消化，又不易排出。

柿子还不能和红薯、菠菜及钙含量丰富的食物同食。

糖尿病人勿食。因柿子中含10.8%的糖类，且大多是简单的双糖和单糖（蔗糖、果糖、葡萄糖即属此类），因此吃后很易被吸收，使血糖升高。糖尿病患者，尤其是血糖控制不佳者更不宜食用柿子。有慢性胃炎、排空延缓、消化不良等胃动力功能低下者及胃大部切除术后患者，不宜食柿子。

哪些鸡蛋不能吃?

死胎蛋

鸡蛋在孵化过程中因受到细菌或寄生虫污染,加上温度、湿度等原因,导致胚胎停止发育的蛋称为死胎蛋。这种蛋所含营养已发生变化,如死亡较久,蛋白质被分解会产生多种有毒物质,因此不宜食用。

臭鸡蛋

如果蛋壳呈乌灰色,甚至蛋壳破裂,而蛋内的混合物呈灰绿色或暗黄色,并带有恶臭味,则此蛋不能食用,否则会引起细菌性食物中毒。

裂纹蛋

鸡蛋在运输、储运及包装等过程中,由于震动、挤压等原因,会使有的蛋造成裂缝、裂纹,这种裂纹蛋很易被细菌侵入,若放置时间较长就不宜食用。

散黄蛋

因运输、储存、包装过程中的激烈震荡,蛋黄膜破裂,造成机械性散黄,或者存放时间过长,被细菌或霉菌经蛋壳气孔侵入蛋体内,而破坏了蛋白质结构造成散黄,蛋液稀薄混浊。若散黄不严重,无异味,经煎煮等高温处理后仍可食用。但如果细菌在蛋体内繁殖,蛋白质已变性，有臭味，就不能吃了。

粘壳蛋

这种蛋因储存时间过长，蛋黄膜由韧变弱，蛋黄紧贴于蛋壳上，若局部呈红色还可以吃，但如果蛋膜紧贴蛋壳上不动，贴皮外呈深黑色，且有异味，就不宜再食用。

📋 蜂蜜结晶了还能吃吗?

蜂蜜结晶是一种物理特性，结晶后的蜂蜜营养成分并没有改变，蜂蜜是含有多种营养成分的葡萄糖、果糖饱和溶液，由于葡萄糖具有容易结晶的特性。因此，蜂蜜在较低的温度下存放一段时间，葡萄糖就会逐渐结晶。它结晶的速度与其含有的葡萄糖结晶核、温度、水分和蜜源有关。纯天然蜂蜜的结晶不透明，且细腻、柔软、手捻动不刺手，放在嘴里很快融化。因此，蜂蜜结晶并不代表蜂蜜变质。

此外，还可通过结晶判断蜂蜜质量。掺假蜂蜜结晶粒粗、透明，板结且硬，用手不易捻碎，放在嘴里不易化。

📋 无根豆芽能吃吗?

现在市场上销售的无根豆芽，看起来白胖水灵，其实是使用各种激素制造出来的速成豆芽，如无根素、增粗剂、增白剂、防腐剂等。如果长期食用，会对人体造成较大危害。为了您和家人的健康，请拒绝无根豆芽。

购买豆芽要注意观察以下几点：

一看豆芽秆 自然培育的豆芽脆嫩、光泽白，而用食品添加剂的豆芽，芽秆粗壮，色泽灰白。

二看豆芽根 自然培育的豆芽菜，根须发育良好，无烂根、烂尖现象。

三看豆粒 自然培育的豆芽，豆粒正常，而用化肥浸泡过的豆芽豆粒发蓝。

四看长度 传统方法发制的豆芽长度一般不超过15厘米，而用无根剂等激素刺激过的豆芽可以长到15~20厘米，而且不生根。

怎样减少食品包装容器中塑化剂的摄入？

塑化剂，又称增塑剂、可塑剂，是工业上广泛使用的添加剂，用于增加塑料等高分子材料的柔韧性。塑化剂主要用于各类塑料制品，例如食品包装材料中。

塑化剂普遍存在于日常生活的方方面面，空气、土壤和水中都有塑化剂的存在。但研究表明，微量塑化剂对人体健康并没有明显影响。目前，世界卫生组织对塑化剂DEHP规定的每日耐受摄入量为每公斤0.025毫克。也就意味着，体重60公斤的人，如果终生每天摄入塑化剂1.5毫克至8.5毫克，才可能导致明显的健康损害。

塑化剂虽然无所不在，但对一般消费者而言，在日常生活中可通过一些有效措施来降低塑化剂的危害。塑化剂进入人体最主要的途径是通过食物摄入，因此我们可以改变生活习惯从而降低塑化剂的摄入。

（1）避免使用塑料材质的食物容器，改以不锈钢、玻璃及陶瓷等食物容器。如果一定要使用塑料材质的食物容器，则应选择经过检测，在加热过程中几乎没有塑化剂溶出，被标注为"可微波加热"的塑料制品。

（2）避免食物与塑料容器的长时间接触或浸泡，减少塑化剂的溶出。

（3）保存食物用的保鲜膜、保鲜袋，宜选择不添加塑化剂的PE、PVDC材质，并避免高温加热。

（4）必需加热有保鲜膜或保鲜袋的食物时，应在保鲜膜（保鲜袋）上戳数个小洞，让气体可以释出，在包覆时也要避免直接接触到食物。

（5）塑化剂在水中溶解度小，在油脂中溶出量较大，所以应尽量避免油脂类食物与塑料制品接触，以减少塑化剂的溶出。

杂粮吃得越多越好吗？

杂粮也称小杂粮，是对除了水稻、小麦、玉米、大豆等大宗粮食以外的各种小宗粮豆的总称。主要有高粱、谷子、荞麦、燕麦、大麦、薏仁等谷物杂粮，以及菜豆、绿豆、红小豆、蚕豆、豌豆、豇豆、小扁豆、黑豆等豆类杂粮。

杂粮与主粮基本的营养组成都包括蛋白质、脂肪、淀粉、矿物元素等，但杂粮比主粮含更多的、更具特色的微量元素和植物化学素。

每一种粮食都有其独特的营养特性，因此，吃杂粮要和主粮粗细搭配食用更为合理。另外，杂粮有营养，而且很多杂粮都是属于药食兼用的，适量吃有益于身体健康，但是杂粮富含粗纤维，食用过多不易于消化，因此最好适量食用。

如何清洗果蔬上的残留农药？

水洗浸泡法

蔬菜污染的农药品种主要有机磷杀虫剂，有机磷杀虫剂难溶于水，此种方法仅能除去部分污染的农药，但水洗是清除蔬菜水果上其他污物和去除残留农药的基础方法。主要用于叶类蔬菜。一般先用水冲洗掉表面污物，否则等于将果蔬浸泡在稀释的农药里。然后用清水浸泡，浸泡不少于10分钟，果蔬清洗剂可增加农药的溶出，所以浸泡时可以加入少量果蔬清洗剂，浸泡后要用流水冲洗2~3遍。

清洗后碱水浸泡法

有机磷杀虫剂在碱性环境下迅速分解，所以此方法是有效地去除农药污染的措施，可用于各类蔬菜瓜果。方法是先将表面污物冲洗干净，浸泡到碱水中（一般500ml水中加入碱面5~10g）5~15分钟，然后用清水冲洗3~5遍。

去皮法

外表不平或多细毛的蔬菜瓜果，较易沾染农药，所以削去外皮是一种较好的去除残留农药的方法。

储存法

农药随着时间能缓慢分解为对人体无害的物质（空气中的氧与蔬菜中的酶对残留农药有一定的分解作用），所以对易于保存的瓜果蔬菜可以通过一定时间的存放，减少农药残留量。一般应存放15天以上，同时建议不要立即食用新采摘的未削皮的瓜果。

加热法

氨基甲酸酯类杀虫剂随着温度升高，分解加快，所以对一些其他方法难以处理的蔬菜瓜果可通过加热去除部分农药。此法常用于芹菜、菠菜、小白菜、圆白菜、青椒、菜花、豆角等，先用清水将表面污染物洗净，放入沸水中2～5分钟捞出，然后用清水冲洗1～2遍。

阳光晒

经日光照射晒干后的蔬菜，农药残留较少。

不吃主食对身体有害吗?

主食（大米、小麦等五谷）富含淀粉、糖类、蛋白质、各种维生素，是人类最基本最主要的营养源，不吃主食（大米、小麦等五谷）会伤脾胃和肝肾。头发生长与润泽，主要有赖于肾脏精气及肝脏血液的滋养，而未老先衰、发脱早白，则主要是由肝肾中精血不足所致，这直接原因是脾胃提供的主食营养不足所造成的。主食主导地位不可动摇，因此必须要吃主食。

食用紫色蔬菜有哪些好处?

人们通过对紫色或黑紫色的蔬菜、水果、薯类及豆类等食物的研究,发现紫色食物都具有一个共同点,就是都含有一种叫作"花青素"的物质。花青素具有极强的抗氧化作用,能有效阻击"自由基"。花青素还具有神奇的抗血管硬化作用,可阻止心脏病发作及脑中风。而且具备很强的抗氧化力,有防衰老的功效,还能预防癌症,增强记忆力。

花青素除了具备很强的抗氧化能力、预防高血压、减缓肝功能障碍等作用之外,其改善视力、预防眼部疲劳等功效也被很多人所认同。长期使用电脑或者看书的人群应多摄取。紫色食物中,蓝莓是花青素含量之冠,紫色胡萝卜、紫葡萄位列其后。

紫色的蔬菜水果虽然很少,但是带来的好处却是非常多的,紫菜、紫茄子、紫葡萄等紫色食物都含丰富的芦丁和维生素C,能增强毛细血管的弹性,改善心血管功能。茄子富含维生素P,紫色茄子尤甚,可降低血压和胆固醇,但茄子性寒,体质虚弱者应少吃为佳。

纯果汁能代替水果吗?

虽然纯果汁比普通的果汁饮品具有更好的口味,并保留了较多的维生素C,但它还是不能与水果等同,代替不了水果。

一方面,果汁中不含纤维素,而水果中都含有较多的纤维素。纤维素虽然不为人体消化吸收,但会增加肠道蠕动,促进排便。食物中缺乏纤维素不仅会引起肠功能紊乱,容易发生便秘,而且会使肠道内厌氧菌繁殖增多,有害物增多,这也是导致结肠癌的原因之一。

另一方面，果汁含糖量高，吃完饭再喝果汁，又会增加热量的摄入，这对于当今营养比较充足或需要减肥的人来说，显然不是理想的食品，而吃水果就无以上弊端。水果中保持着天然的营养物质，于健康十分有益。此外，吃水果时要增加牙的咀嚼力和面部肌肉的活动，增加唾液的分泌，这又有益于牙的健康和面部的美容，这些都是果汁代替不了的。

酸奶能想喝就喝吗？

别空腹喝酸奶　通常人的胃液酸碱度在1到3之间，空腹时的pH在2以下，而酸奶中活性乳酸菌生长的酸碱度值在5.4以上，如果在空腹时喝酸奶，乳酸菌就会很容易被胃酸杀死，其营养价值和保健作用就会大大降低。

酸奶不要加热喝　如果温度过高，酸奶中的有益菌就会失去活性。若一次购买几天的酸奶，应放在冰箱的冷藏室中保存，但需要注意酸奶的保质期一般只有7~14天。

晚上睡前喝酸奶要刷牙　如果晚上睡前喝酸奶，至少在睡觉之前一个小时喝，而且喝完后要记得及时刷牙，否则酸奶中的某些菌种及酸性物质会对牙齿造成一定的损害。

为什么豆浆要煮熟了喝？

生豆浆中含有多种有毒物质，如含有抗胰蛋白酶素，能影响蛋白质的消化、吸收；酚类化合物可使豆浆产生苦味和豆腥味；皂素不仅对消化道黏膜有刺激性，引起恶心、呕吐、腹泻反应，还会破坏红细胞，产生一系列的中毒反应。

当豆浆被煮熟时，其中的有毒物质被破坏，就不会引起中毒。因此，喝豆浆时，必须将豆浆烧开、煮透。特别要注意的是，当豆浆加温到80℃时，会出现"泛泡"，即假沸现象，此时，有毒物质并未被完全破坏。只有继续加热到真正沸腾时，其中的皂素等有毒物质才会被完全破坏，而不致引起中毒。

为什么夏天喝啤酒温度不宜过低？

喝冰镇啤酒的确让人觉得解渴，但啤酒毕竟含酒精，饮酒过多会使人感觉口干舌燥、全身发热。在大汗、运动后更不宜饮冷冻啤酒，因为大汗淋漓，汗毛孔扩张，饮冷冻啤酒将导致汗毛孔因骤然遇冷收缩而中止出汗，从而使身体散热受阻，易诱发感冒等疾病。

此外，夏天喝啤酒不当会对胃肠、心脏、肝脏及肾脏造成不良影响，还可能引发痛风。大量饮用冰镇啤酒会使胃肠道的温度急速下降和血流量减少，造成生理功能失调并影响消化功能，严重时甚至会引发痉挛性腹痛和腹泻、急性胰腺炎等危及生命的急症。

啤酒温度不宜过低，存放在冰箱里的啤酒应控制在5～10℃之间，在这一温度区间啤酒各种成分协调平衡，能形成最佳口味。同时，啤酒不宜与腌熏食品共餐，更不宜过量饮用。人在喝啤酒之后，血液中的铅含量会增多，与烟熏食品中的有机胺结合会产生一些有害物质，可诱发消化道疾病。

📋 为什么未满一岁的婴儿不宜吃蜂蜜？

蜂蜜营养丰富，是大众饮食佳品。许多新妈妈也会在婴幼儿的辅食中加些蜂蜜来调节口味、增加营养。不过，1岁以内婴幼儿不适合食用蜂蜜。

蜂蜜在酿造、运输过程中，容易受到肉毒杆菌的污染，因为蜜蜂在采取花粉过程中有可能把被肉毒杆菌污染的花粉和蜜带回蜂箱。肉毒杆菌芽孢适应能力很强，在100℃的高温下仍然可以存活。

由于婴儿胃肠功能较弱，肝脏的解毒功能又差，尤其是小于6个月的婴儿，肉毒杆菌容易在肠道中繁殖并产生毒素，从而引起中毒。中毒症状常发生于吃完蜂蜜或含有蜂蜜食品后的8～36小时，症状常包括便秘、疲倦、食欲减退。虽然婴儿发生肉毒杆菌感染的几率很小，但医生还是建议：在孩子满1岁以前，不要喂食蜂蜜及其制品。

此外，1岁以上的婴幼儿喝蜂蜜也要慎重，食用的量与大人相比要适当减少。

📋 橘子皮晒干就是陈皮？

很多人喜欢把橘子皮晒干作为陈皮泡水喝，甚至用来当作佐料增加自制药膳的药效。但是，橘子皮晒干就是陈皮了吗？自制"陈皮"靠谱吗？

其实自己晒的橘子皮并不能当药用，从功效上来说虽然也有一定的理气、健胃功效，但是药效与真正的陈皮相去甚远。做陈皮需要在太阳下将橘皮风干，然后存放于密封装置60～150天，用湿度为80%

的潮湿空气加湿，以使果皮软化，待果皮软化后，将其捆绑固定、风干，然后再放到太阳下晒干，最后将其密封存放。与其他中药材不同的是，陈皮具有越陈越好的特殊性，品质比较好的陈皮，对取皮的时间有很严格的要求，也就是说存放的时间越久药效越好，一般放至隔年后才可以使用。陈皮隔年后挥发油含量大为减少，而黄酮类化合物含量就会相对增加，这时陈皮的药用价值才能体现出来。而鲜橘皮则含挥发油较多，不具备陈皮那样的药用功效，一些药店出售的名贵陈皮甚至存放了上百年。新鲜的橘子皮并不等于陈皮，不仅如此，新鲜柑橘皮也不是全都可以做成陈皮，只有成熟的柑橘皮才能做成陈皮。

此外，一些人喜欢用新鲜的橘子皮泡水喝。专家提醒，新鲜橘子皮中挥发油含量较高，用其泡水，不但不能发挥它的药用价值，还会刺激肠胃。另外，橘皮表面附着有农药或保鲜剂，一般很难用水将这些有害物质去除干净，所以最好不要用鲜橘子皮泡茶或泡酒。

关于"保质期"的科学解读

（1）食品保质期是指食品在标明的贮存条件下保持品质的期限。在此期限内，食品的风味、口感、安全性等各方面都有保证，可以放心食用。

保质期由厂家根据生产的食品特性、加速实验或测试结果进行确定，相当于企业针对产品对消费者给出的承诺——在此期限内，食品的风味、口感、安全性各方面都有保证，可以放心食用。保质期由两个元素构成，一为贮存条件，二为期限，二者紧密相关，不可分割。

贮存条件必须在食品标签中标注，通常包括常温、避光保存、冷藏保存、冷冻保存等。如果产品存放条件不符合规定，食品的保质期很可能会缩短，甚至丧失安全性保障。

（2）尽管世界各国对食品保质期的定义或称谓各有差异，但其意义和要求基本一致。

日本对食品的保质期规定非常严格，分为"消费期限"和"赏味期限"。前者多用于容易腐烂的食品（如生鲜食品）上，表示在未开封的情况下，能够安全食用的期限；后者多用于品质不容易变坏的加工食品，是能保证食品品质、味道的期限。欧盟规定，保质期分为"在此前食用"和"最好在……之前食用"。

（3）各类食品对保质期的要求程度不同，肉制品、食用油和鸡蛋的保质期应予以特别关注。

一般来说，易腐败、易氧化的食品对保质期的要求更高，水分活度比较高和蛋白质、脂肪含量比较高的食品过了保质期更容易出现质量隐患，但不一定会产生危害，这需要检验才能确定。而由于微生物、氧化或金属离子等超标或脂肪酸败引起的变质食品食用后可能会对人体产生危害。肉制品、食用油和鸡蛋这三类食品尤其应注意保质期。

（4）过了保质期的食品未必会对人体健康造成危害，但仍然必须下架，绝不可以再销售。

超过保质期的食品回收后，一般采取两种形式处理：一是焚烧销毁或当作垃圾抛弃；二是加工成饲料，用作肥料等循环利用。

解读"生鲜奶"

（1）"生鲜奶"在营养成分和对人体健康功能等方面与预包装的纯奶并无差别。

"生鲜奶"通常也叫生鲜乳（raw milk），是未经杀菌、均质等工艺处理的原奶的俗称。目前市场上有少量"生鲜奶"以散装形式出售，消费者购买后一般煮沸饮用。市售的盒装、袋装等预包装的纯奶，则是将"生鲜奶"经过冷却、原料奶检验、除杂、标准化、均质、杀菌（巴氏杀菌或超高温灭菌）等工艺制成的，是符合国家有关标准要求的产品。

由于未经过均质工艺处理，"生鲜奶"的乳脂肪球较大，煮沸后会发生聚集上浮，从而带来"黏稠""风味浓郁"的感官印象。不过，研究表明"生鲜奶"与经过巴氏杀菌的纯奶在营养及人体健康功能方面并没有显著性差异。

（2）"生鲜奶"由于灭菌不彻底等存在安全隐患，消费者不宜直接饮用。

纯奶具有独特的营养特性，是一种很重要的食品。但由于营养丰富等特点，纯奶也是微生物生长、繁殖的良好培养基，极易受到动物体以及挤奶环境中微生物的污染。

"生鲜奶"没有经过任何消毒处理，而且产奶的奶牛是否健康、检疫、运输过程中有没有被污染等信息尚难以做到完全追溯，存在一定的食品安全隐患。尤其是儿童、老人、孕妇和免疫力低下的人群，食用"生鲜奶"后被病原菌感染的风险更大。国内外都有因食用"生鲜奶"而引发食物中毒的报道。因此，建议消费者不要直接饮用"生鲜奶"。

（3）乳制品生产过程中使用的"生鲜奶"有严格的法规和标准要求。

为了加强乳品质量安全监督管理，我国制定颁布了《乳品质量安全监督管理条例》和相关法规标准等。乳制品生产过程中使用的原奶是"生鲜奶"，乳品企业在收购"生鲜奶"时均按照国家标准要求进行合格性检验，不合格的原奶不允许进入生产环节。

10大垃圾食品排行榜

油炸类食品

此类食品含致癌物质；破坏维生素，使蛋白质变性；油炸淀粉导致心血管疾病。

腌制类食品

此类食品可以导致高血压，肾负担过重，导致鼻咽癌；影响黏膜系统（对肠胃有害）；易得溃疡，发炎。

加工类肉食品

如肉干、肉松、香肠等食品含三大致癌物质之一的亚硝酸盐（防腐和显色作用）；含大量防腐剂，会加重肝脏负担。

饼干类食品

（不含低温烘烤和全麦饼干）。主要危害是：食用香精和色素过

多对肝脏功能造成负担；严重破坏维生素；热量过多，营养成分低。

汽水、可乐类食品

这类食品含磷酸、碳酸，会带走体内大量的钙；含糖量过高，喝后有饱胀感，影响正餐。

方便类食品

这类食品主要指方便面和膨化食品。主要危害是盐分过高，含防腐剂、香精，损肝，热量含量高。

罐头类食品

包括鱼肉类和水果类罐头。这类食物中的维生素已被破坏，蛋白质已变性；热量过多，营养成分低。

话梅蜜饯类食品

这类食物中亚硝酸盐含量高；盐分过高，含防腐剂、香精，损肝。

冷冻甜品类食品

主要指冰淇淋、冰棒和各种雪糕。这类食物含奶油较多，极易引起肥胖；含糖量过高，影响正餐的摄入。

烧烤类食品

含大量三苯四丙吡（三大致癌物质之首），导致蛋白质炭化变性，加重肾脏、肝脏负担。

最佳食品榜

最佳蔬菜 由于红薯既含丰富的维生素，又是抗癌能手，所以被选为所有蔬菜之首。其次分别是芦笋、卷心菜、花椰菜、芹菜、茄子、甜菜、胡萝卜、荠菜、金针菇、雪里红、大白菜。

最佳水果 最佳水果的排名依次是木瓜、草莓、橘子、柑子、猕猴桃、芒果、杏、柿子与西瓜。

最佳肉食 鹅鸭肉化学结构接近橄榄油，有益于心脏。鸡肉则被称为"蛋白质的最佳来源"。

最佳食用油 玉米油、米糠油、芝麻油等尤佳，植物油与动物油按1比0.5至1的比例调配食用更好。

最佳汤食 鸡汤最优，特别是母鸡汤还有防治感冒、支气管炎的作用，尤其适于冬春季食用。

最佳护脑食物 菠菜、韭菜、南瓜、葱、花椰菜、菜椒、豌豆、番茄、胡萝卜、小青菜、蒜苗、芹菜等蔬菜，核桃、花生、开心果、腰果、松子、杏仁、大豆等壳类食物以及糙米饭、猪肝等有护脑作用。

远离可能含有致癌物的食品

咸腌制品鱼 咸鱼产生的二甲基亚硝酸盐，在体内可以转化为致癌物质二甲基亚硝酸胺。虾酱、咸蛋、咸菜、腊肠、火腿、熏猪肉同样含有致癌物质，应尽量少吃。

烧烤食物 烤牛肉、烤鸭、烤羊肉、烤鹅、烤乳猪、烤羊肉串等，因含有强致癌物不宜多吃。

熏制食品 如熏肉、熏肝、熏鱼、熏蛋、熏豆腐干等含苯并芘致癌物，常食易患食道癌和胃癌。

油炸食品 煎炸过焦后，产生致癌物质多环芳烃。咖啡烧焦后，苯并芘会增加20倍。油煎饼、臭豆腐、煎炸芋角、油条等，因制作过程中多数是使用重复多次的油，高温下会产生致癌物。

霉变物质 米、麦、豆、玉米、花生等食品易受潮霉变，被霉菌污染后会产生致癌毒草素——黄曲霉菌素。

隔夜熟白菜和酸菜 会产生亚硝酸盐，在体内会转化为亚硝酸胺致癌物质。

槟榔 嚼食槟榔是引起口腔癌的一个因素。

反复烧开的水 反复烧开的水含亚硝酸盐，进入人体后生成致癌的亚硝酸胺。

火腿及乳酸饮料 将三明治搭配优酪乳当早餐的人要小心，三明治中的火腿、培根等和乳酸饮料一起食用易致癌。为了保存肉制品，食品制造商会添加硝酸盐来防止食物腐败及肉毒杆菌生长。当硝酸盐碰上有机酸时，会转变为一种致癌物质亚硝胺。

食物相克诗

猪肉菱角若同食，肚子疼痛不好受。

猪肉豆类不同食，引起腹胀和气滞。

猪肝若与菜花遇，降低人身吸引力。

牛肉栗子一起吃，食后就会发呕吐。

羊肉滋补大有用，若遇西瓜定相侵。

羊肉南瓜若同食，胸闷腹胀时不迟。

狗肉滋补需注意，若遇绿豆定伤身。

狗肉切记吃大蒜，同食刺激胃黏膜。

鸡肉芹菜也相忌，同食就会伤元气。

鸡蛋若遇消炎片，同室操戈两相争。

兔肉芹菜本不合，同食之后头发脱。

兔肉橘子同食好，导致腹泄不得了。

河虾番茄营养高，同食中毒吃不消。

鲤鱼咸菜不同食，导致癌症不等时。

豆腐蜂蜜不同吃，导致腹泄耳聋迟。

豆浆营养人人知，来冲鸡蛋营养失。

柿子螃蟹也相背，同食之后会腹泄。

柿子白酒更不合，食后使你心发闷。

柿子红薯若同吃，体内结石易形成。

香蕉芋头本不合，同时入胃腹胀痛。

菠菜豆腐色鲜美，钙酸凝结实不宜。

洋葱蜂蜜也不合，同食就会伤眼睛。

汽水要忌辛辣物，胃炎胃疼会加重。

咖啡白酒不同饮，同饮严重伤大脑。

农村常见的食品卫生问题有哪些?

农村常见的食品卫生问题有：来自种植、养殖农产品的污染问题，如滥用甚至违禁使用高毒农药等；来自食品生产加工领域的问题，如滥用或超量使用增白剂、保鲜剂、食用色素等加工食品以及违法使用不合格包装物等；来自食品流通领域的问题，如一些"三无"食品、过期不合格食品以及被城市市场拒之门外的食品大量流向农村市场等；食品贮存过程中产生的卫生问题，如食物储存不当引起发霉变质等，由以上问题导致的食品污染及食物中毒等。

农村聚餐是否需要备案?

农村集体聚餐主要指农村（含城乡结合部）居民因婚嫁、丧葬、寿辰、升学、生子、建房等事宜，在非经营性场所举办的各种集体性聚餐活动。

原则上50人以上的农村集体聚餐活动，由聚餐举办者或承办厨师将菜单、举办场地、参加人数等内容提前48小时向本村（社区）食品安全信息员（或协管员，下同）报告并签订食品安全承诺书。本村（社区）食品安全信息员认真登记，并及时向乡镇（街道）食品药品监管机构报告。乡镇（街道）食品药品监管机构接到报告后应认真登记并做好指导工作。

对50人以上、100人以下的聚餐活动，原则上由村（社区）食品安全信息员进行现场指导，必要时可报告乡镇（街道）食品药品监管机构派人进行现场指导。100人以上的聚餐活动，原则上由乡镇（街道）食品安全监管人员进行现场指导，必要时可报告县（市区）食品药品监管部门派人进行现场指导。重点对农村集体聚餐加工场所的周边环境、卫生条件、食料采购、索证索票、厨师健康状况、餐饮具洗消、用水等进行监督检查，严禁采购过期变质和"三无"食品，严禁采购和使用亚硝酸盐等。对100人以上的农村集体聚餐，聚餐举办者和承办厨师要对食品原材料、食品、饮品留样，冷藏保鲜备查。对未按规定办理报告手续而举办农村集体聚餐，造成食物中毒或者其他食源性疾患的举办者和承办厨师，食品药品监管部门将依法进行查处。

农村流动厨师必须每年进行健康检查。按照餐饮服务从业人员的健康管理要求，乡镇、村（社区）要督促辖区内的农村流动厨师在当地具备体检资质的医疗机构进行健康检查，取得健康合格证明后方可从业。农村流动厨师参加食品安全法律法规知识和餐饮服务食品安全操作规范培训后持证上岗。无健康证明、培训证，未按食品安全规范操作的农村流动厨师将被纳入"黑名单"。

农村集体聚餐举办者和承办者该怎么做？

凡农村家庭自办宴席，聚餐人数在50人以上（含50人）的，宴席举办者应提前向村委会报告备案，选聘取得餐饮服务备案许可的厨师班承办宴席。虚心听取承办厨师班负责人或主厨、村级食品安全信息员以及食品药品监管工作人员提出的指导意见，把好食材的选购关，到正规商家购买食材，确保所购食品原料、饮用水等符合食品安全标准，向食材供应商家索证索票并妥善保管。积极购买食品安全责任保险。

未经备案的农村炊事班不得承办农村集体聚餐活动，从业人员必须每年进行培训和健康检查，取得健康合格证明后方可从业。

农村集体聚餐场所要满足哪些环境要求？

（1）食品加工场所应远离垃圾堆、禽畜圈养地及其他污染源（如旱厕）25米以上。

（2）食品加工场所应清洁卫生，饮用水源符合要求。

（3）食品加工场所应有必要的防蝇、防鼠、防尘设施。食品加工场所应防止鸡、鸭、猪、狗、猫等家禽、家畜进入。

（4）食品加工场所应禁止存放农药、化肥、鼠药，防止误食误用，防止他人投毒。

（5）配备洗手消毒设施，如专用洗手池（盆）、肥皂、消毒液、专用干净毛巾（干手纸）等。

（6）配备肉、菜、水产品专用清洗盆、刀具、盛放容器，并分开使用，避免加工时交叉污染，减少食品安全隐患。